高等职业教育"十三五"规划教材

计算机信息技术
基础教程

主　编／许晓萍
副主编／李　科　郑　艳

南京大学出版社

图书在版编目(CIP)数据

计算机信息技术基础教程 / 许晓萍主编. -- 南京：南京大学出版社，2019.8(2021.9重印)
高等职业教育"十三五"规划教材
ISBN 978-7-305-22605-2

Ⅰ.①计… Ⅱ.①许… Ⅲ.①电子计算机－高等职业教育－教材 Ⅳ.①TP3

中国版本图书馆 CIP 数据核字(2019)第 172112 号

出版发行	南京大学出版社
社　　址	南京市汉口路 22 号　　邮　编　210093
出 版 人	金鑫荣

书　　名	计算机信息技术基础教程
主　　编	许晓萍
责任编辑	吕家慧　蔡文彬　　编辑热线　(025)83597482
照　　排	南京布克文化发展有限公司
印　　刷	广东虎彩云印刷有限公司
开　　本	787×1092　1/16　印张　12.25　字数　276 千
版　　次	2019 年 8 月第 1 版　2021 年 9 月第 4 次印刷
ISBN	978-7-305-22605-2
定　　价	38.00 元

网址:http://www.njupco.com
官方微博:http://weibo.com/njupco
微信服务号:NJUyuexue
销售咨询热线:(025)83594756

* 版权所有,侵权必究

* 凡购买南大版图书,如有印装质量问题,请与所购图书销售部门联系调换

前　言

随着信息技术的飞速发展，人们的学习、工作和生活都离不开计算机和网络，熟悉、掌握计算机信息处理技术的基本知识和技能已经成为适应社会发展的必要条件之一。如今，"计算机信息技术基础"课程是各高等学校普遍开设的公共基础课。

"大学计算机信息技术基础"课程由两部分组成：一是理论知识部分，主要介绍计算机信息处理方面的基本概念、原理和技术；二是上机实践部分，主要是计算机基本操作和微软 Office 中 Word、Excel 和 PowerPoint 三个常用软件的使用。

本书主要侧重于理论知识部分的编写，由两部分组成。

第一部分是基础知识部分，分 6 个章节：第 1 章介绍数字技术的基本知识，第 2 章剖析计算机硬件的组成及其工作原理，第 3 章是操作系统与应用软件的基本知识，第 4 章介绍互联网的组成、原理和功能，第 5 章对文字、图像、音频和视频的处理与应用做了简单介绍，第 6 章讲解数据库及其应用的相关情况。为了拓宽知识面，每一章后面补充了一些自测题和延展阅读材料，供学生课后自测和自学。

第二部分是 8 套真题试卷，适合学生课后巩固。

另外，本教材附有习题中操作部分的素材及相关视频的二维码，供学生课后自学。

本书由"无锡城市职业技术学院重点教材"项目资助。本书的作者是长期承担计算机基础课程的一线教师，具有丰富的教学经验。

限于作者水平，书中难免有遗漏和不当之处，敬请读者指正。

目　　录

第一部分　基础知识

第1章　信息技术概述 ... 3
- 1.1　信息与信息技术 ... 3
- 1.2　数字技术基础 ... 4
- 1.3　微电子技术简介 ... 10
- 自测题1 ... 13
- 延展阅读 ... 13

第2章　计算机组成原理 ... 20
- 2.1　计算机的发展、分类与组成 ... 20
- 2.2　CPU的结构与原理 ... 25
- 2.3　主板和I/O ... 28
- 2.4　存储器 ... 32
- 2.5　常用输入设备 ... 40
- 2.6　常用输出设备 ... 44
- 自测题2 ... 48
- 延展阅读 ... 50

第3章　计算机软件 ... 55
- 3.1　概述 ... 55
- 3.2　操作系统 ... 58
- 3.3　算法与程序设计语言 ... 62
- 自测题3 ... 65
- 延展阅读 ... 67

第4章　计算机网络与互联网 ... 70
- 4.1　数字通信基础 ... 70
- 4.2　计算机网络基础 ... 74
- 4.3　互联网的组成 ... 77

4.4　互联网提供的服务 …………………………………… 82
　　4.5　网络信息安全 ………………………………………… 86
　　自测题 4 …………………………………………………… 89
　　延展阅读 …………………………………………………… 91

第 5 章　数字媒体及应用 …………………………………… 102
　　5.1　文本与文本处理 ……………………………………… 102
　　5.2　图像与图形 …………………………………………… 107
　　5.3　数字声音及应用 ……………………………………… 111
　　5.4　数字视频及应用 ……………………………………… 115
　　自测题 5 …………………………………………………… 117
　　延展阅读 …………………………………………………… 118

第 6 章　计算机信息系统与数据库 ………………………… 121
　　6.1　计算机信息系统 ……………………………………… 121
　　6.2　关系数据库 …………………………………………… 125
　　自测题 6 …………………………………………………… 127
　　延展阅读 …………………………………………………… 128

第二部分　真　题　卷

真题卷一 ……………………………………………………… 133
真题卷二 ……………………………………………………… 139
真题卷三 ……………………………………………………… 145
真题卷四 ……………………………………………………… 152
真题卷五 ……………………………………………………… 159
真题卷六 ……………………………………………………… 166
真题卷七 ……………………………………………………… 173
真题卷八 ……………………………………………………… 180

参考答案 ……………………………………………………… 187
参考文献 ……………………………………………………… 190

扫一扫
可获取相关学习资源

第一部分

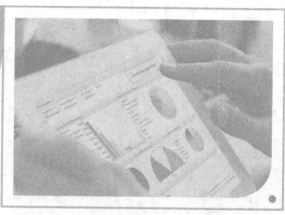

基础知识

第1章 信息技术概述

信息与信息技术无处不在。本章先介绍信息与信息技术相关知识,然后重点讲解电子信息技术的基础知识:数字技术和微电子技术。

1.1 信息与信息技术

1.1.1 信息与信息处理

1. 信息

信息(information)是一个高度概括的抽象概念,不同场合有不同的含义,很难对其进行统一的定义。"控制论之父"维纳曾经说过:"信息就是信息,它既不是物质也不是能量。"信息是客观世界中各种事物运动状态和变化内容的反映,是认识主体对客观事物状态和变化的感知。

信息、物质和能量是客观世界的三大构成要素。

2. 信息处理

信息处理指与信息的收集、加工、存储、传递、施用相关的行为和活动。

(1) 信息的收集,如信息的感知、测量、获取、输入等。

(2) 信息的加工,如分类、计算、分析、转换、检索等。

(3) 信息的存储,如书写、摄影、录音、录像等。

(4) 信息的传递,如邮寄、出版、电报、电话、广播、短信、微信、博客等。

(5) 信息的施用,如控制、显示、导航、机器人等。

在人工信息处理过程中,人们运用不同的信息器官进行不同的信息处理活动。

1.1.2 信息技术与信息产业

1. 信息技术

信息技术(information technology,或 information & communication technology,简称 IT 或 ICT),指用来扩展人们信息器官功能、协助人们更有效地进行信息处理的一门技术。人们的信息器官主要有感觉器官、神经网络、大脑及效应器官,它们分别用于获取信息、传递信息、加工和存储信息以及施用信息使其产生实际效用。因此,基本的信息技术包括:

(1) 扩展感觉器官功能的感测(获取)与识别技术。
(2) 扩展神经系统功能的通信技术。
(3) 扩展大脑功能的计算(处理)与存储技术。
(4) 扩展效应器官功能的控制与显示技术。

信息技术已经成为当今社会最有活力、最有效益的生产力之一。现代信息技术的主要特征是：以数字技术为基础，以计算机及其软件为核心，采用电子技术(包括激光技术)进行信息的收集、传递、加工、存储、显示与控制。它包括通信、广播、计算机、因特网、微电子、遥感遥测、自动控制、机器人等诸多领域。

2. 信息产业

信息产业(也称为"电子信息产业")是指信息设备生产制造，以及利用这些设备进行信息采集、储存、传递、处理、制作与服务的所有行业与部门的总和。

1.1.3 信息化和信息社会

1. 信息化

信息化源于 20 世纪 60 年代。所谓信息化，就是利用现在信息技术对人类社会的信息和知识的生产与传播进行全面改造，使人类社会生产体系的组织结构和经济结构发生全面变革的一个过程，是推动人类社会从工业社会向信息社会转变的一个社会转型过程。

信息化是当今世界发展的大趋势，也是我国产业结构优化与升级、实现工业化和现代化、增强国际竞争力与提高综合国力的关键。目前我国正处于工业化的中后期，虽然已成为全球第一制造大国，但是工业大而不强，在核心技术、产品附加值、产品质量、生产效率、能源资源利用和环境保护等方面与发达国家相比，还存在较大差距。当前，全球新一轮科技革命和产业变革正日新月异，移动互联网、云计算、物联网、大数据、人工智能等新技术在制造业和服务业的应用，不断催生和孕育新产品、新业态、新模式，引发经济发展的深刻变革。

2. 信息社会

信息社会也称信息化社会。社会学和经济学学者认为，从生产力和产业结构演进的角度看，人类社会正从工业社会向信息社会转型。信息社会中，信息将借助材料和能源的力量产生重要价值而成为社会进步的基本要素，信息技术在生产、科研、教育、医疗保健、企业和政府管理以及家庭生活中的广泛应用，从而对经济和社会发展产生了巨大而深刻的影响，从根本上改变了人们的生活方式、行为习惯和价值观念。

1.2 数字技术基础

1.2.1 数字信息的基本单位——比特

1. 比特的概念

比特(bit, binary digit 的缩写)，中文翻译为"二进位数字""二进位"或简称为"位"，一般用小写字母"b"表示。它只有两种状态(取值):数字 0 和数字 1,它无颜色,无大小和重量,只代表两种状态,如开关的开或关,电平的高或低,电流的有或无。如同 DNA 是人体组织的最小单位、原子是物质的最小组成单位一样,比特是组成数字信息的最小单位。

数值、文字、符号、图像、声音、命令等都可以使用比特来表示,但是这个单位太小了,比比特稍大些的计量单位就出现了,是"字节(byte)",用大写字母"B"表示,1 个字节用 8 个比特来表示(1B=8b)。

2. 比特的存储

1) 存储方式

(1) 触发器

在计算机和手机的 CPU 中,比特存储在一种称为触发器的双稳态电子线路中。一个触发器可以存储 1 个比特,一组触发器(如 8 个、16 个或更多个)可以存储一组比特,它们称为"寄存器"。用集成电路制成的触发器和寄存器工作速度极快,其工作频率可达 GHz 的水平($1GHz=10^9 Hz$),也就是说,其"0""1"状态的改变每秒可高达几十亿次。

(2) 电容器

当电容的两极加上电压,电容将被充电,电压撤销以后,充电状态仍会保持一段时间。这样,电容的充电和未充电状态就可以分别表示 1 和 0。现在微电子技术已经可以在一块半导体芯片上集成以亿计的微小的电容器,它们构成了可存储大量二进位信息的半导体存储器。

(3) 磁盘

磁盘是利用磁介质表面区域的磁化状态来存储二进位信息的。

(4) 光盘

光盘是通过"刻"在盘片光滑表面上的微小凹坑来记录二进位信息。

2) 存储容量

存储容量是存储器的一项重要的性能指标。内存储器(也称为主存储器)的容量单位中的前缀符号(如 K、M、G、T 等)通常使用 2 的幂次来计量,因为这有利于存储器芯片的设计和使用。经常使用的存储器容量单位有:

KB(kilobyte,千字节): $1 KB = 2^{10}$ 字节 $= 1024 B$

MB(megabyte,兆字节): $1 MB = 2^{20}$ 字节 $= 1024 KB$

GB(gigabyte,吉字节): $1 GB = 2^{30}$ 字节 $= 1024 MB$(千兆字节)

TB(terabyte,太字节): $1 TB = 2^{40}$ 字节 $= 1024 GB$(兆兆字节)

然而,上述 kilo、mega、giga、tera 等前缀符号在传统领域(如距离、速度、频率等)中是以 10 的幂次来计算的。用作外存储器(也称为辅助存储器)的磁盘、U 盘、光盘中的信息并不需要被 CPU 直接存取,其容量不必一定是 2 的幂次的倍数,所以设备制造商大多采用 10 的幂次来计算其存储容量,如 $1TB=10^3 GB=10^6 MB=10^9 KB=10^{12} B$,有利于降低成本,因此,用户在使用外存储器的过程中就会发现容量被缩小了的怪现象。

3. 比特的传输

在数据通信和计算机网络中传输二进位信息时,是一位一位串行传输的,传输速率大

多使用每秒多少比特来度量,称为比特率,经常使用的传输速率单位如下:

比特/秒(b/s),也称"bps"(bits per second)

千比特/秒(kb/s),1kb/s=10^3 比特/秒=1000 b/s(小写 k 表示 1000)

兆比特/秒(Mb/s),1Mb/s=10^6 比特/秒=1000 kb/s

吉比特/秒(Gb/s),1Gb/s=10^9 比特/秒=1000 Mb/s

太比特/秒(Tb/s),1Tb/s=10^{12} 比特/秒=1000 Gb/s

4. 比特的运算

比特的取值只是表示两种不同的状态,不是数量上的概念,因此在运算过程中,采用基本的逻辑运算,在运算过程中,它们按位独立进行,不受其他位影响:

逻辑加(或运算,用符号"OR""∨""+"表示):只要有一个 1 就为 1;

逻辑乘(与运算,用符号"AND""∧""·"表示):两个都为 1 才为 1;

取反(非运算,用符号"NOT"或上横杠"—"表示):0 取反为 1,1 取反为 0。

例如:

(逻辑加)　　1 0 1 0　　　　　　(逻辑乘)　　1 0 1 0
　　　　　∨ 0 0 1 1　　　　　　　　　　　 ∧ 0 0 1 1
　　　　　——————　　　　　　　　　　　 ——————
　　　　　　1 0 1 1　　　　　　　　　　　　　0 0 1 0

1.2.2 数制与数制转换

数的进位制称为数制。日常生活中人们使用的都是十进制,但计算机使用的是二进制数,程序员还使用八进制和十六进制数。

表 1-1　计算机中常用的四种进位计数制的表示

进　制	计数规则	基　本　符　号	代表符号
十进制	逢十进一	0,1,2,3,4,5,6,7,8,9	D(可省略)
二进制	逢二进一	0,1	B
八进制	逢八进一	0,1,2,3,4,5,6,7	O
十六进制	逢十六进一	0,1,2,3,4,5,6,7,8,9,A,B,C,D,E,F(或者小写 a,b,c,d,e,f)	H

表 1-1 中,十六进制的基本符号中除了十进制数中的 0~9 外,还使用了六个英文字母,它们是 A,B,C,D,E,F,分别等于十进制的 10,11,12,13,14,15。

在进制数值的表示方法中,可以用括号加数制下标或者加代表符号两种方式,如 $(18)_{10}$=18D,$(101100.011)_2$=101100.011B,$(4c.a)_{16}$=4c.aH,$(377)_8$=377O(备注:由于字母"O"和数字"0",容易混淆,所有有些书上八进制符号也用 Q 来表示)。

1. 二进制数的算术运算

使用比特来表示的数称为二进制数,有大小之分,可以进行算术运算,运算过程存在进位和借位规则。

例如：

```
（算术加）  1 0 1 0           （算术减）  1 0 1 0
         ＋ 0 0 1 1                   － 0 0 1 1
         ─────────                    ─────────
           1 1 0 1                       1 1 1
           逢二进一                       向前借位
```

2. 进制转换方法

1) 传统的进制转换法

(1) 任意进制 R 转换为十进制：权值展开相加

例：$(abc.d)R = a \times R^2 + b \times R^1 + c \times R^0 + d \times R^{-1}$，依次类推，以小数点为中心，向左分别是第 0、1、2……位，向右分别是 -1、-2……位。

(2) 十进制转换成任意进制 R $\begin{cases}整数部分：除 R 取余倒序。\\ 小数部分：乘 R 取整顺序。\end{cases}$

例 1 十进制数 29.6875 转换成二进制。

答：$(29.6875)_{10} = 11101.1011 B$

(3) 八、十六进制与二进制互换

表 1-2 二、八、十六进制之间的关系

八进制	二进制	十六进制	二进制	十六进制	二进制
0	000	0	0000	8	1000
1	001	1	0001	9	1001
2	010	2	0010	A	1010
3	011	3	0011	B	1011
4	100	4	0100	C	1100
5	101	5	0101	D	1101
6	110	6	0110	E	1110
7	111	7	0111	F	1111

根据上表对应关系，二进制转换成八进制时，以小数点为中心，向左右两边分组，每三位为一组，两头不足三位补 0 即可。同理，十六进制只需要四位为一组进行分组分别进行转换。

例2 10101101.11B 转换为八进制值是多少？

解：　　　　　二进制　　１０ １０１ １０１．１１ B
以小数点为中心进行分组　　０１０ １０１ １０１．１１０ B
　　　　　　八进制　　　２　　５　　５．６ Q

答：10101101.11B＝(255.6)$_8$

例3 C4.6H 转换为二进制值是多少？

解：对应表2，1个十六进制符号用4个二进制符号表示。
　　　　　　　　　C　　４．６
　　对应的二进制　1100　0100．0110

答：C4.6H＝11000100.011B（注意：所得二进制值最左边和最右边若为0可以去掉，不影响其值的大小）。

2）二进制与十进制的快速转换法

表1-3　十进制与二进制的关系（熟记该表）

n	10	9	8	7	6	5	4	3	2	1	0	−1	−2	−3	−4
2^n	1024	512	256	128	64	32	16	8	4	2	1	0.5	0.25	0.125	0.0625

（小数点的位置）

(1) 按权求和

例4 11010011.011B 转换成十进制值是多少？

　　　　　　　　　１ １ ０ １ ０ ０ １ １．０ １ １
以小数点为中心，对应的权值　2^7 2^6 2^5 2^4 2^3 2^2 2^1 2^0 2^{-1} 2^{-2} 2^{-3}

答：11010011.011B＝128＋64＋16＋2＋1＋0.25＋0.125＝(211.375)$_{10}$

(2) 权值分解

例5 (777.75)$_{10}$ 转换为二进制的值是多少？

解：把777.75的整数部分和小数部分分别拆分成表1-3中多个 2^n 的值相加的式子
　　(777.75)$_{10}$＝512＋256＋8＋1＋0.5＋0.25＝2^9＋2^8＋2^3＋2^0＋2^{-1}＋2^{-2}

从高到低位置排列　　2^9 2^8 2^7 2^6 2^5 2^4 2^3 2^2 2^1 2^0 2^{-1} 2^{-2}
结果　　　　　　　　１ １ ０ ０ ０ ０ １ ０ ０ １．１ １

答：(777.75)$_{10}$＝1100001001.11B

(3) 特殊的值的互换规律

十进制	2^n	2^n-1
二进制	1后面n个0	n个1

例6 (63)$_{10}$ 转换成二进制的值是多少？

解：(63)$_{10}$＝64−1＝2^6−1＝111111 B（6个1）

例7 1111B 转换成十进制值是多少？

解：10000B(1后面4个0)＝2^4＝(16)$_{10}$

3) 计算器转换法(注意:只能进行十、二、八、十六四种进制之间的整数互换)

例 8 同十进制数 20 等值的十六进制数是多少? 八进制数是多少? 二进制数是多少?

解题方式如图 1-1 所示:

图 1-1 计算器解题

解:$(20)_{10} = (14)_{16} = (24)_8 = (10100)_2$。

1.2.3 信息在计算机中的表示

计算机可以处理各种各样的信息,如数值、文字、图像、声音等。这些信息在计算机内部都是用比特(二进位)来表示的。在本节中重点讲解数值在计算机中的表示,文字、图像等会在第 5 章重点讲解。

数值信息指的是数学中的数,它有正负和大小之分。计算机中的数值信息分成整数和实数两大类。整数不适用小数点,或者说小数点始终隐含在个位数的右面,所以整数也叫作"定点数"。

1. 无符号整数

无符号整数常常用于表示地址、索引等正整数,它的取值范围由位数决定。若有 n 位无符号二进位,它的取值范围用二进位表示是 n 个 0 ~ n 个 1 之间,n 个 0 转换成十进制值为 0,而 n 个 1 转换成十进制值为 $2^n - 1$,因此 n 个二进位的无符号整数的取值范围是 $0 \sim 2^n - 1$。

2. 带符号整数

带符号整数的最高位代表符号位,其中"0"代表正(+)整数,"1"代表负(−)整数,其余各位则表示数值大小。

例如:$\boxed{0}$ 1111111B= $\boxed{+}$ 127 $\boxed{1}$ 1111111= $\boxed{-}$ 127

1) 原码

上述的表示法称为"原码"。可见,n 个带符号二进位的取值范围用二进位来表示除最高位符号位外其余位都为 1,转换为十进制值为 $-(2^{n-1}-1) \sim +(2^{n-1}-1)$。

2) 补码

原码表示法虽然与人们日常习惯较一致,但由于十进制值 0 有两种表示方法(0 0…000B 和 1 0…000B),且加法运算和减法运算的规则不统一,需要分别使用加法器和减法器来完成,增加了计算机运算器的复杂性。为此,负整数在计算机内不采用"原码"而都采用"补码"来表示。

原码和补码的转换公式：补码＝(原码)$_{取反}$＋1(注意：符号位不变)。

例9 请用八个二进位写出$(-31)_{10}$的原码和补码。

解：　　　　　$(-31)_{原码}=10011111B$

绝对值部分每一位取反：11100000

末位加"1"：　　　　＋　　　1

　　　　　$(-31)_{补码}=11100001$

因此，在补码表示法中，十进制数值0只有唯一的1种表示方法00…000B，而10…000B用来表示-2^{n-1}(n表示位数)的补码。也正因为如此，相同二进位数的补码的取值范围比原码多一个。n位二进制的补码的取值范围是$-2^{n-1}\sim+(2^{n-1}-1)$。

表1-4　8位/n位取值范围

8位二进制码	表示无符号整数时的数值	表示带符号整数(原码)时的值	表示带符号整数(补码)时的值
00000000	0	0	0
00000001	1	1	1
……	……	……	……
01111111	127	127	127
10000000	128	－0	－128
10000001	129	－1	－127
……	……	……	……
11111111	255	－127	－1
n位	$0\sim 2^n-1$	$-(2^{n-1}-1)\sim+(2^{n-1}-1)$	$-2^{n-1}\sim+(2^{n-1}-1)$

3. 浮点数

实数通常是既有整数部分又有小数部分的数，整数和纯小数只是实数的特例。任何一个实数都可以表示成一个乘幂(阶码)和一个纯小数(尾数)的乘积，这种表示方法称为浮点数表示法。二进制数也可以如此表示，例如：

$$101011.01=0.10101101\times 2^{110}$$
$$0.0000101=0.101\times 2^{-100}$$

1.3　微电子技术简介

1.3.1　微电子技术与集成电路

1. 微电子技术

微电子技术就是以集成电路为核心的电子技术，它是在电子电路和电子系统的超小型化及微型化过程中逐渐形成和发展起来的。微电子技术是信息技术发展中的关键技术,是发展信息产业的基础。因此,许多国家都把微电子技术作为重要的战略技术加以高度重视,并投入大量的人力、财力和物力进行研究和开发。

2. 集成电路

集成电路(IC)是20世纪50年代出现的,它通过一系列特定的加工工艺,将大量晶体管、电阻、电容及连线构成的电子线路集成在一块半导体单晶片(如硅或砷化镓)上,封装在一个外壳内,执行特定电路或系统功能。

集成电路的特点是体积小、重量轻、功耗小、工作速度快、可靠性高。

集成电路的分类有多种方式,下面分别介绍。

(1) 按集成电路的用途,可分为通用集成电路和专用集成电路。

计算机中的CPU、微处理器和存储器芯片等都属于通用集成电路,而专用集成电路是按照某种应用的特定要求专门设计、定制的集成电路。

(2) 按集成电路的功能,可分为数字集成电路和模拟集成电路。

用来处理数字信号的集成电路称为数字集成电路,如门电路、存储器、微处理器、微控制器和数字信号处理器等。而处理模拟信号的集成电路称为模拟集成电路,如信号放大器、功率放大器等。

(3) 按照集成电路所用晶体管结构、电路和工艺的不同,主要分为双极型集成电路、金属氧化物半导体(MOS)集成电路、双极-金属氧化物半导体集成电路等几类。

(4) 按集成度(单个集成电路中包含的电子元器件数目),可分为小规模集成电路(SSI)、中规模集成电路(MSI)、大规模集成电路(LSI)、超大规模集成电路(VLSI)和极大规模集成电路(ULSI),如表1-5所示。

表1-5 集成电路的集成度分类

集成电路规模	元器件数目
小规模集成电路(SSI)	<100
中规模集成电路(MSI)	100~3000
大规模集成电路(LSI)	3000~10万
超大规模集成电路(VLSI)	10万~几十亿
极大规模集成电路(ULSI)	>100万

备注:通常并不严格区分VLSI和ULSI,而是统称为VLSI。

中、小规模集成电路一般以简单的门电路或者单级放大器为集成对象,大规模集成电路则是以功能部件、子系统为集成对象。现在PC机中使用的微处理、芯片组、绘图处理器等都是超大规模和极大规模集成电路。

1.3.2 集成电路的设计制造

集成电路的制造工序繁多,从原料熔炼开始到最终产品包装大约需要400多道工序,工艺复杂且技术难度非常高,有一系列的关键技术。许多工序必须在恒温、恒湿、超洁净的无尘厂房内完成。集成电路的主要制造流程如图1-2所示。

硅抛光片 →硅平面工艺→ 晶圆 →检测、分类→ 芯片 →封装→ 集成电路 →成品测试→ 成品

图1-2 集成电路的主要制造流程

1.3.3 集成电路的发展趋势

集成电路的工作速度主要取决于组成逻辑门电路的晶体管的尺寸。晶体管的尺寸越小,其极限工作频率越高,门电路的开关速度就越快。所以,从集成电路问世以来,人们就一直在缩小门电路的尺寸上下功夫。芯片上电路元件的线条越细,相同面积的晶片可容纳的晶体管就越多,功能就越强,速度也越快。随着纳米量级的微细加工技术的采用和硅抛光片面积的增大,集成电路芯片的集成度越来越高,所含晶体管数目已达数十亿之多。Intel公司的创始人之一摩尔(G. E. Moore)1965年在美国《电子学》杂志上曾发表论文预测,单块集成电路的集成度平均每18~24个月翻一番,这就是有名的摩尔定律。以Intel公司生产的微处理器为例,30多年来它所生产的8086、Pentium(奔腾)系列和Core(酷睿)系列微处理器集成度的提高证实了这个规律的正确性。

1.3.4 IC卡

IC(Integrate Circuit)卡是"集成电路卡"或"芯片卡"的简称。它把集成电路芯片密封在塑料卡基片内部,使其成为能存储、处理和传递数据的载体。与磁卡相比,它难以复制,不受磁场影响,能可靠地存储和处理数据。

1. IC卡按卡中所镶嵌的集成电路芯片可分为两大类

1)存储器卡

这种卡中的集成电路主要是存储器,其容量大约为几KB到几十KB,信息可长期保存,也可通过读卡器改写。这种IC卡除了存储电路外,还有写入保护和加密电路,具有一定的安全性,可用作校园卡、公交卡、医保卡、门禁卡等。

2)CPU卡,也叫智能卡

卡上集成了中央处理器(CPU)、程序和数据存储器,还配有操作系统。这种卡的处理能力强,安全性更好,除上述应用外,它更适合银行、电信、公安等对安全性要求很高的部门应用。手机中的SIM卡就是一种CPU卡,它保存有手机用户的个人识别码、加密用的密钥以及用户的电话簿等信息,供手机在接入通信网络时进行身份认证,并可对用户通话时的语音信息进行加密,防止窃听。

2. IC卡按使用方式可分为两种

1)接触式IC卡

如手机SIM卡,其表面有一个方型镀金接口,共有8个或6个镀金触点,使用时必须将IC卡插入读卡机卡口内,通过金属触点传输数据。

第1章 信息技术概述

2）非接触式 IC 卡

又叫射频卡、感应卡，它采用电磁感应方式无线传输数据，解决了无源（卡中无电源）和免接触等难题，操作方便、快捷，我国第 2 代居民身份证、公交卡等属于非接触式 IC 卡。

自 测 题 1

1. 信息处理指的是与信息的收集、传递、加工、存储和施用相关的行为和活动，信息技术则泛指用来扩展人们信息器官功能、协助人们更有效地进行信息处理的一类技术。

2. 集成电路根据它所包含的晶体管等元器件的数目可以分为小规模、中规模、大规模、超大规模和极大规模集成电路，现在 PC 机中使用的 CPU 芯片属于大规模集成电路。

3. 在计算机网络中传输二进位信息时，传输速率的度量单位是每秒多少比特。某校校园网的主干网传输速率是每秒 10 000 000 000 比特，它可以简写为_____Gb/s。

4. 十进制数 20.5 的二进制表示是_____，八进制表示是_____，十六进制表示是_____。

5. 计算机中的一个 16 位带符号整数，如果它的十六进制表示是 FFF0H，那么它的实际数值是_____（十进制表示）。

6. 某进制下 5×6=28，那么 7×8=_____。

7. 现代信息技术的主要特征是：以_____为基础、以计算机及其软件为核心、采用电子技术（包括激光技术）进行信息的收集、传递、加工、存储、显示与控制。
   A. 数字技术　　　B. 模拟技术　　　C. 光子技术　　　D. 量子技术

8. 扩展人们眼、耳、鼻等感觉器官功能的信息技术中，一般不包括_____。
   A. 感测技术　　　B. 识别技术　　　C. 获取技术　　　D. 存储技术

9. 某计算机硬盘容量是 100GB，则它相当于_____MB。
   A. 102 400　　　B. 204 800　　　C. 100 000　　　D. 200 000

10. 无符号整数是计算机中最常使用的一种数据类型，其长度（位数）决定了可以表示的正整数的范围。假设无符号整数的长度是 12 位，那么它可以表示的正整数的最大值（十进制）是_____。
    A. 2 048　　　B. 4 096　　　C. 2 047　　　D. 4 095

延 展 阅 读

一、存储容量和通信流量

1. 关于存储容量的单位

介绍数字信息的数据量和存储器容量时，使用的单位有字节(B)、千字节(KB)、兆字节(MB)、吉字节(GB)等。正文中说过，这些度量单位中使用的前缀符号 K、M、G、T 等，在不同场合代表不同的数值，对于计算机和手机中的主存储器，其容量单位是 $1KB=2^{10}$

字节，1MB=2^{20}字节，1GB=2^{30}字节，1TB=2^{40}字节，等等。对于它们的辅助存储器（包括硬盘、光盘、U盘等），存储容量单位是：1KB=10^3字节，1MB=10^6字节，1GB=10^9字节，1TB=10^{12}字节，等等。

为什么这样呢？因为主存储器是以字节为单位编址的，每个字节有一个自己的地址，CPU使用二进位表示的地址码来指出需要访问（读/写）的存储单元。地址码是一个无符号整数，n个二进制位的地址码共有2^n个不同组合，可以表示2^n个不同的地址，也就可以用来指定主存中2^n个不同的字节，所以主存的容量一般都以2的幂次来计算。

而辅助存储器不需要也不可能按字节进行存取，它是以块（block）为单位进行编址和存取的，块的大小一般是几百字节至几千字节。因此，存储容量＝块的数目×块大小。为了计算方便，也为了使产品标称容量可以更大一些，辅助存储器生产厂商都以传统的10的幂次作为其容量的度量单位。

在电脑和智能手机中，辅助存储器和主存储器都由操作系统统一管理并分配使用，操作系统采用与主存一致的方式来计算辅存的大小，即也以2的幂次作为辅存容量的计量单位，这样一来，用户经常会发现一个奇怪的现象：辅助存储器的容量"缩水"了，例如，明明硬盘标注的容量是160GB，操作系统显示的却是149.05GB，明明买的是8GB的U盘，系统显示出来却是7.46GB。手机也是如此。例如，某用户购买的是32GB的华为手机，还插入了16GB的SD卡扩充其容量。但当使用手机助手软件把手机与电脑连接后，屏幕上显示出来的存储容量分别只有24.61GB和14.83GB。

原因很简单。因为操作系统在计算存储容量及文件大小时，其度量单位1G=2^{30}=1 073 741 824，而辅助存储器生产厂商使用的是1G=10^9=1 000 000 000 只是前者的0.931 因此，32GB和16GB的辅助存储器，操作系统认为分别只有29.79GB和14.89GB。这种相同符号在不同场合有不同含义的情况造成了诸多不便和混淆，读者必须通过上下文来判断K、M、G、T等符号的正确含义。

2. 通信流量

通信流量指通信设备在通信过程中收到和发出的数据总量。日常生活中人们接触最多的是手机流量，它特指手机/平板电脑通过2G/3G/4G移动通信网络连接互联网时所收/发的数据总量。从手机/平板电脑送出的数据量称为上行流量，收到的数据量称为下行流量或下载流量。

流量的单位是字节，常用的是千字节（KB）、兆字节（MB）、吉字节（GB）、太字节（TB）等。我国电信运营商经常略去字母B而把它们简略为K、M、G、T。它们之间的关系是：1TB=1 024GB，1GB=1 024MB，1MB=1 024KB，1KB=1 024B。

使用手机或电脑经网络传输照片、歌曲、视频等所需要消耗的流量，要比这些照片、歌曲和视频的实际数据量大一些，这是因为数据通信本身需要一些额外的开销。例如，通信双方需要呼叫、应答和同步，增加附加信息来检验收到的数据是否正确，发现传输出错后需要重新传输等。

上网是需要付费的。目前的计费方式可以按流量计费，或按时长计费，也可以包月或者包一个时间段。手机如果在设置中开通"移动数据"，则意味着它通过2G/3G/4G移动通信网络连接互联网,则无论是中国电信、中国移动还是中国联通,均按照上网所消耗的流量来计算费用。

手机、平板电脑、电子书等移动设备一般都通过WiFi上网,此时用户不再关心使用了多少流量,似乎流量是免费的。其实,WiFi的功能是把无线通信转换成有线通信,后者利用电缆或者光缆接入互联网,它们大多按使用时间的长短计费,而不像移动通信那样按流量计费,这是因为移动通信网络的建设和维护成本远高于有线宽带网络,以流量来计费可以更好地控制全网的负荷。毕竟如果大家都像有线宽带接入那样使用移动通信网的话,再先进再庞大的移动通信网络恐怕也难以承受。

不同应用所需要的流量是不同的。QQ聊天主要是传输文字信息,几十MB就够1个月每天聊上几个小时了。但如果是下载歌曲或图片,则一首歌或1张高清图片就会消耗几MB流量。下载1个应用程序(App)所需的流量有大有小,小的几十KB,大的可能需要几十MB,至于观看电视剧,所耗费的流量就要以GB来计算了。

为了节省流量,有些软件采取了一定措施,例如使用微信发送照片的时候,它先把照片的分辨率降低,使每张照片的数据量大为减少然后再进行发送;如果希望保持照片的分辨率不变,则可选择以"原图"方式进行发送。对于视频,为了节省流量和缩短传输时间,微信软件专门提供了种"小视频"通信功能,它的分辨率比较低,数据量也大为减少。

二、常用IC卡介绍

1. 手机SIM卡

SIM卡(subscriber identity module)的中文名称是用户身份识别卡,可存储用户身份数据、短信和电话号码等,用于确认手机用户的身份和通信加密。SIM卡由电信网络运营商发放(一卡一号),手机必须插入SIM卡才能通话和收发短信。SIM卡是接触式IC卡的一种,进入4G移动通信后,中国移动和中国联通使用的SIM卡升级为USIM卡,中国电信则称为UIM卡,其功能有了增强。习惯上人们仍称之为SIM卡。

SIM属于CPU卡,它由CPU、ROM、RAM、EEPROM(用作数据存储器)和接口电路等组成,通过6个或8个触点与手机电路连接。

SIM卡的EEPROM中存放着一组由芯片制造商和移动通信运营商预先写入的数据。包括SIM卡识别号ICCID、国际移动用户识别号IMSI(国家代号、移动网络服务器代号、用户的手机号)、分配给该用户的二进制128位的用户身份认证(鉴权)密钥Ki(在运营商的网络服务器中也保存1份)等,数据可保存10年以上。

手机在开机入网时,移动通信网必须确认手机用户身份是否合法,即必须对手机(SIM卡)进行鉴权操作,其过程大体如下:

(1)用户输入PIN码,手机将其传送给SIM卡,SIM卡核对无误后将IMSI代码传送给手机。

(2)手机通过移动通信网络将IMSI代码发送给服务器。

(3)服务器根据IMSI查找数据库,找出该用户的密钥Ki,并生成一个随机数RAND发送给手机。

(4) 手机接收 RAND 后交给 SIM 卡,后者按照预定的加密算法和密钥 Ki 对 RAND 进行加密计算,其结果返回给手机,由手机发送给服务器。

(5) 服务器使用密钥 Ki 对 RAND 按相同的算法进行加密计算,与手机返回的结果进行比较。

(6) 若结果相同则鉴权通过,手机获得通信授权。

上面的过程只进行了单向鉴权,没有进行双向鉴权。即网络对手机(SIM 卡)进行了身份认证,而手机(SIM 卡)没有对网络进行认证,这就给"伪基站"之类的不法行为钻了空子,犯罪分子用伪基站向用户手机发送诈骗短信,手机无法拒接。4G 手机使用了升级的 SIM 卡,具有双向鉴权功能,安全性得到了提升。

个人识别码 PIN(personal identification number)和解锁码 PUK(personal unblocking code)用于保护 SIM 卡/手机不被他人盗用,PIN 码是 SIM 卡的密码,存储在 SIM 卡中,出厂值为 1234(或 0000),用户可自行修改,启用 SIM 卡密码保护后,每次开机后用户输入 PIN 码才能登录网络,若输错 3 次,SIM 卡会自动上锁,此时只有通过输入 PUK 码才能解锁。PUK 码共 8 位,它与 SIM 卡识别号 ICCID 都印刷在 SIM 卡原卡片上,也可以到营业厅请工作人员操作。PUK 码有 10 次输入机会,输错 10 次后,SIM 卡会自动启动自毁程序使 SIM 卡失效。

SIM 卡的数据存储器容量为 128KB、512KB 甚至 1MB。除了存储上述用于鉴权和芯片保护的数据之外,它还用来存储用户数据(大约几百个电话号码、几十条短信,几个最近拨出的电话号码等),这样一来,用户可以方便地在手机之间移动其账户、短消息和电话号码簿。

SIM 卡的尺寸有几种,标准卡的尺寸为 25mm×15mm,稍小些的 Micro SIM 卡是 12mm×15mm(iPhone 4S、iPhone4 使用),更小的 Nano SIM 卡比 Micro SIM 卡还小三分之一,厚度也减少了 15%,在华为 Mate8、iPhone 5、iPhone 6 及 iPhone 6 plus 等手机中使用。

SIM 卡须匹配手机所开户的移动通信网络系统,无论是第 2 代(2G)、第 3 代(3G)还是第 4 代(4G LTE)通信网络,电信、移动和联通三大运营商分别采用了不同的技术制式,对应的 SIM 卡也有所不同,不能交换使用。

2. 校园卡、公交卡和银行卡

当前广泛使用的公交卡、校园卡、身份证等都是一种非接触式 IC 卡(射频卡),它的工作原理是:读卡器不断发出一组固定频率的电磁波,当射频卡靠近时,卡内的一个 LC 串联谐振电路(其谐振频率与读卡器发射的电磁波频率相同)便产生电磁共振,使电容器充电,为卡内其他电路提供例如 2V 左右的工作电压,电路便开始工作,通过辐射电磁信号将卡内存储的数据发送给读卡器或接收读卡器送来的数据。使用时,IC 卡只需在读卡器有效距离(例如 5cm 左右)之内,不论 IC 卡的方向、位置和正反,均可与读卡器交换数据,实现预先设计的功能。在开始数据处理之前,非接触式 IC 卡与读卡机之间要相互认证对方的合法性,然后才进行加密的数据传送。

大学校园内广泛使用的校园卡,它具有身份认证和电子钱包的功能,集学生证、借书证、医疗卡、用餐卡、校内购物卡、实验室门禁卡等功能于一身,给广大师生提供了很大方便。

以某高校使用的校园卡为例,它采用的是国产非接触式存储卡,存储容量为 4KB,分成 32 小区(每区 64 字节)和 8 个大区(每区 256 字节),每个区相互独立,分别用作不同的用途以实现一卡多用。每个区各有 2 组密码,芯片中的加密控制逻辑电路与读卡机之间可进行加密通信和双向三重验证,确保信息安全。校园卡存储器可以擦写几万次,数据读写时间为 1~2ms,与读卡器的有效距离在 2.5~10cm 之间,数据通信速率 10^6 kb/s,数据保存时间可长达 10 年。校园卡必须在校园网和一卡通管理系统的基础上,实现与校内各部门信息系统的无缝对接,才能有效发挥其最大的作用。

上面列举的校园卡是一种逻辑加密卡,该类型的 C 卡在 2008 年被发现存在有安全漏洞,不法分子可通过监听数据包攻击破解 C 卡,对 C 卡进行篡改或复制,引起管理混乱和经济损失。近些年此类校园卡和公交卡已逐步升级为安全性更高的 CPU 卡。公交卡与校园卡的技术类似,但公交卡的使用为离线(off line)方式(即读卡机与计算机处于断开状态),充值的金额存储在公交卡的芯片内。公交卡丢失后应立即进行挂失,管理中心会将挂失卡卡号列入黑名单存储到车载读卡机内(需 1 天或几天后),捡卡者盗刷时就能将该卡封死,并将原卡中的余额转到失主补办的新卡中。银行 EC 卡(包括借记卡、信用卡等)大多使用安全性更高的双界面 CPU 卡。以目前我国广泛使用的银行 IC 卡为例(图 1-3),32 位的 CPU(ARM 公司 SC-100)是整个芯片的核心;256KB 的只读存储器(ROM)用于存放芯片操作系统(COS),10KB 的内存(RAMD)在执行程序时用于存放数据;存储保护电路可以对存储器的不同区域分别进行存取保护;144KB 的 EEPROM 是存放应用程序和数据的辅助存储器(擦写次数大于 10 万次,数据保存 10 年以上);该芯片具有强大的数据安全功能,集成了我国商用密码算法 SSF33、SM、SM3、SM7 和美国数据加密标准 DES/3DESRSA(2 048 位)的硬件协处理器,具有防复制、防伪造、防数据篡改等安全特性,可实现高度安全的借记/贷记和小额支付等金融交易。

图 1-3 银行 IC 卡

3. 二代身份证

我国第 2 代居民身份证是采用非接触式 IC 卡制成的。身份证上所载信息包括姓名、性别、民族、出生日期、常住户口所在地住址、居民身份证号码、本人相片、签发机关和有效期限共 9 项内容。此外,内部还嵌入了一枚指甲盖大小的非接触式集成电路芯片,从而可以实现"电子防伪"和"数字管理"两大功能。

第2代身份证在"防伪"方面有多种措施。除证件表面采用防伪膜和印刷防伪技术之外,还将个人数据和相片图像经过编码、加密后存储在芯片中,需要时可通过专门的读卡器读取卡内存储的信息进行验证。这样,不但防伪性能大大提高,而且验证也更加方便快捷。甚至还可以将人体生物特征如指纹、血型等信息保存在芯片中,进一步改善防伪性能。

二代证的伪造几乎是不可能的。制作一张身份证首先要有芯片,而这种芯片是由公安部监制的专用芯片,如果要从芯片开始仿制,其代价巨大。

二代证更大的应用价值还在于居民身份信息的数字化和网络化。证件信息的存储和证件查询采用了数据库和网络技术,既可实现全国联网快速查询和身份识别,也可进行公安机关与政府其他行政管理部门的网络互查,实现信息共享,使二代证在公共安全、社会管理、电子政务、电子商务等方面发挥重要作用。

二代证使用的集成电路芯片由四部分组成,分别是射频天线、存储模块、加密模块和控制模块。存储模块容量比较大,能够储存多达几兆字节的信息,写入的信息可分区存储,按不同安全等级授权读写。居民在户口迁移以后,可将新的住址和相关信息通过写卡器重新写入芯片而不需要换领新证,加密模块是芯片的关键,它采用了国家商用密码管理办公室规定的多种加密技术。控制模块是整个芯片的"大脑",程序都存储在其中,包括通信协议、读写协议等。它具有运算和控制功能,各种操作都由控制模块执行相应程序完成。

目前存在的一个问题是身份证挂失后无法像手机卡、银行卡那样注销使之失效,他人盗窃或捡到后还能使用。一些不法分子利用这个漏洞借机牟利或掩护其违法行为,对身份证失主乃至社会造成了损害。

4. 电子标签

RFID(radio frequency identification)的中文名称是"电子标签",它的原理与非接触式 C 卡相似,标签中包含了耦合元件(线圈)及芯片。电子标签黏贴在物体表面用以标识该目标对象,每个标签具有唯一的电子编码,使用阅读器可以读取(有时还可写入)标签中的信息。RFID 阅读器可以是手持式也可以是固定式,一些具有近场通信(NFC)功能的手机也可以读出 RFID 中的信息。

当 RFID 标签进入阅读器天线的磁场区域后,它接收天线发出的射频信号,凭借感应电流所获得的能量发送出存储在芯片中的产品信息(这种标签称为无源标签),也可以由电子标签主动发送某一频率的信号(称为有源标签),由阅读器读取信息,然后送至计算机进行处理。整个识别工作无须人工干预,在恶劣环境中也

图1-4　RFID 在车辆自动收费系统中的应用

能工作。而且,阅读器还可以识别高速运动的物体,并可同时识别多个标签,操作快捷方便。图1-4是高速公路不停车收费系统 ETC(electronic toll collection)的示意图,它通过安装在车辆挡风玻璃上的电子标签与收费站天线之间的数据通信,借助互联网访问车主的银行账户,达到车辆不必停车而能自动交费的目的。

　　RFID技术的应用领域很多。例如,物流和供应管理、生产制造与装配、航空行李处理、邮件/快递包裹处理、文档追踪与图书馆管理、动物身份标识、门禁控制与电子门票、高速公路自动收费等。

第 2 章 计算机组成原理

2.1 计算机的发展、分类与组成

2.1.1 计算机的发展与作用

1. 计算机的发展

第二次世界大战期间美国军方为了解决计算大量军用数据的难题,成立了由宾夕法尼亚大学莫奇利和埃克特领导的研究小组,开始研制世界上第一台电子计算机。经过三年紧张工作,第一台电子计算机 ENIAC 于 1946 年 2 月 14 日问世了。ENIAC 共使用 18 000 个电子管,另外还包含继电器、电阻器、电容器等电子器件,长 30.48 米,占地面积约 170 平方米,重达 30 吨,耗电量 140 千瓦,每秒执行 5 000 次加法或 400 次乘法,其运算速度是机械式继电器计算机的 1 000 倍、手工计算的 20 万倍。ENIAC 的诞生宣告了电子计算机时代的到来。在随后的几十年中,计算机的发展突飞猛进,体积越来越小,功能越来越强,价格越来越低,应用越来越广泛。

在 20 世纪 50 年代至 70 年代,计算机的应用模式主要是依赖于少数大型计算机的"集中计算模式",80 年代由于个人计算机的广泛使用而演变为"分散计算模式",90 年代起由于计算机网络的发展,使计算机的应用进入了"网络计算模式"。在这种模式下,用户不仅使用自己的计算机进行信息处理,而且还与网络中的其他计算机协同进行信息处理。现在,几乎人人都用计算机,人人都有计算机,人们已经到了离开计算机就寸步难行的地步。

计算机硬件的发展受到所使用电子元器件的极大影响,因此过去很长时间,人们都按照计算机主机所使用的元器件为计算机产品划代。表 2-1 是第 1 至 4 代计算机主要特点的对比。

表 2-1 第 1 至 4 代计算机的对比

代 别	年 代	使用的主要元器件	使用的软件类型	主要应用领域
第 1 代	20 世纪 40 年代中期至 50 年代末期	CPU:电子管 内存:磁鼓	使用机器语言和汇编语言编写程序	科学和工程计算

(续表)

代 别	年 代	使用的主要元器件	使用的软件类型	主要应用领域
第2代	20世纪50年代中、后期至60年代中期	CPU:晶体管 内存:磁芯	使用FORTRAN、COBOL等高级程序设计语言编程	开始广泛应用于数据处理领域
第3代	20世纪60年代中期至70年代初期	CPU:中、小规模集成电路(SSI、MSI) 内存:SSI、MSI的半导体存储器	操作系统、数据库管理系统等普遍使用	在科学计算、事务处理与分析、工业控制等领域得到广泛应用
第4代	20世纪70年代中期以来	CPU:大、超大规模集成电路(LSI、VLSI) 内存:LSI、VLSI的半导体存储器	软件开发工具和平台、分布式计算软件等开始广泛使用	计算机应用深入到各行各业,家庭和个人普遍使用计算机

自20世纪90年代开始,计算机的发展进一步加快,学术界和工业界早就不再沿用"第×代计算机"的说法。人们正在研究开发的计算机系统,主要着力于计算机应用的智能化,它以知识处理为核心,模拟或部分替代人的智能活动为目标,在芯片技术、大数据和人工智能的推动下,这个目标有望逐步实现。

2. 计算机的作用和影响

计算机得以飞速发展的根本原因,除了微电子技术等使计算机性价比不断提高之外,还归功于计算机作为信息处理工具的通用性以及由此带来的计算机应用的广泛性。

计算机是一种通用的信息处理工具。使用计算机进行信息处理具有如下一些特点:①速度极快。②通用性强,不仅能进行复杂的数学运算,而且能对文字、图像和声音等多种形式的信息进行获取、编辑、转换、存储、展现等处理。③存储容量大、存取速度高。④具有互联、互通和互操作的特性,通过网络计算机不仅能交流与共享信息,还可与网络上的其他计算机协同完成复杂的信息处理任务。⑤体积小、功耗低、方便携带,甚至可以穿戴,计算机很容易嵌入在其他机电设备中,使之数字化、智能化,促进产品升级换代。

目前,计算机正以非凡的渗透力与亲和力深入人类活动的各个领域,对人类社会的进步与发展产生巨大的影响。

(1) 计算机应用于科学研究,大大增强了人类认识自然及开发、改造和利用自然的能力,促进了现代科学技术的发展。

(2) 计算机应用于工农业生产,显著提高了人类物质生产水平和社会劳动生产率,促进了经济的飞跃发展。

(3) 计算机应用于社会服务,全面扩展和改善了服务范围与质量,提高了工作效率,推动了社会进步。

(4) 计算机应用于教育文化,为人类传承并创造知识与文化提供了现代化工具,改变了人们创造和传播文化的方式和方法,大大扩展了人类文化活动的领域,丰富了文化的内容,提高了文化质量。

(5) 计算机进入办公室和家庭,已经并还将改变人们的工作和生活方式。

计算机科学技术对于一个国家发展政治、经济、科技、教育、文化、国防等方面的催化作用和强化作用,具有难以估量的意义。

虽然计算机和网络正在迅速地、不可逆转地改变着世界,但是,先进信息技术给我们带来进步和机遇的同时,也会带来一些新的社会问题和引发某些潜在的危机。例如,个人隐私受到威胁,信息欺骗和计算机犯罪增加,知识产权保护更加困难,计算机系统崩溃将带来不可预测的后果,不良和有害信息肆意传播和泛滥,大量电子垃圾污染环境、破坏生态,长期沉迷于计算机游戏和网络聊天会给青少年生理和心理带来严重危害等。对此,政府、学校和社会组织必须予以足够重视,并采取相应的对策。

2.1.2 计算机的分类

计算机种类很多,可以从不同角度对计算机进行分类。按照计算机原理分类,可以分为数字式电子计算机、模拟式电子计算机和混合式电子计算机。按照计算机用途分类,可分为通用计算机和专用计算机。按照计算机内部逻辑结构分,可分为8位、16位、32位、64位计算机。按照计算机性能来分,可分为巨型机、大型机、服务器、个人计算机、嵌入式计算机。

1. 巨型计算机

巨型计算机(supercomputer)也称超级计算机,它采用大规模并行处理的体系结构,包含数以千万计的CPU。它具有极强的运算处理能力,比当前个人电脑的处理速度高出了3个数量级,大多使用在军事、科研、气象预报、石油勘探、航空航天、生物医药等领域。我国研制成功的"神威·太湖之光"巨型计算机,其峰值计算速度达每秒12.54亿亿次,持续计算速度为每秒9.3亿亿次,它包含40 960个自主开发的SW26010处理器(每个处理器芯片有260个CPU核),内存总容量达1 310TB。图2-1(a)为神威·太湖之光巨型计算机。

(a) 神威·太湖之光巨型计算机

(b) IBM System z10大型计算机

图2-1 巨型计算机和大型计算机

2. 大型计算机

大型计算机(mainframe)指运算速度快、存储容量大、通信联网功能强、可靠性很高、安全性好、有丰富的系统软件和应用软件的计算机。它采用虚拟化技术同时运行多个操作系统,因此不像是一台计算机,更像是多台不同的虚拟计算机,因而可以替代数以百计的普通服务器,用于为企业或政府的海量数据提供集中的存储、管理和处理,承担主服务器(企业级服务器)的功能,可以几年甚至一二十年不间断运行,在信息系统中起着核心作用。它同时为大量终端设备执行信息处理任务,即使同时有成千上万个终端提出处理请求,其响应速度快得能让每个终端用户感觉好像只有自己一个人在使用计算机一样。美国 IBM 公司目前拥有大型机的大部分市场,图 2-1(b)是该公司推出的 System z10 BC 大型计算机的照片。

3. 服务器

服务器(server)原本只是一个逻辑上的概念,指网络中专门为其他计算机提供资源和服务的那些计算机,巨、大、中、小、微各种计算机原理上都可以作为服务器使用。但由于服务器往往需要具有较强的计算能力、高速的网络通信和良好的多任务处理功能,计算机生产厂商专门开发了用作服务器的一类计算机产品。与普通的 PC 机相比,服务器需要不分昼夜连续工作,对可靠性、稳定性和安全性等要求更高。

根据不同的计算能力,服务器又分为工作组级服务器(家用服务器)、部门级服务器和企业级服务器。我国浪潮集团是国内最大的服务器制造商和服务器解决方案提供商。图 2-2 为惠普公司的 ProLiant 服务器样式。

图 2-2　HP 公司的 ProLiant 服务器

4. 个人计算机

个人计算机也称个人电脑、PC 机,早期称为微型计算机,它们是 20 世纪 80 年代初由于单片微处理器的出现而开发成功的。个人计算机的特点是体积小巧,结构精简,功能丰富,使用方便,通常由使用者自行操作使用,并由此而得名。

个人计算机分成台式机和便携机两大类,前者不便携带,在办公室、实验室等地方使用,后者体积小、重量轻,便于外出携带,性能接近台式机,但价格稍高。近几年开始流行一些更小更轻的超级便携式计算机,如平板电脑、智能手机等,它们摒弃了键盘,采用多点触摸屏进行操作,功能多样,有通用性,能无线上网,大多作为互联网的移动终端设备使用,人们可以随身携带作为通信、工作和娱乐的工具。图 2-3 为 4 种常见的个人计算机样式。

需要注意的是,智能手机和平板电脑实质上也是个人计算机的一个品种,但它们的软硬件结构、配置和应用有许多特点,与 PC 机并不兼容。还要说明的是,平板电脑和智能手机除了尺寸大小不同,硬件、软件、应用等无区别。

台式个人计算机　　　　便携式(笔记本)　　　　智能手机华为P30　　　　平板电脑

图 2-3　个人计算机：台式机、笔记本、智能手机、平板电脑

5. 嵌入式计算机

嵌入式计算机是把运算器、控制器、存储器、输入/输出控制、接口电路全都集成在一块芯片上，这样的超大规模集成电路称为"单片计算机"或"嵌入式计算机"。它一般由嵌入式微处理器、外围硬件设备、嵌入式操作系统以及用户的应用程序等四个部分组成。它是计算机市场中增长最快的领域，也是种类繁多、形态多种多样的计算机系统。嵌入式系统几乎包括了生活中的所有电器设备，如平板电脑、计算器、电视机顶盒、手机、数字电视、多媒体播放器、工业自动化仪表与医疗仪器等。现在，世界上 90% 以上的计算机都以嵌入方式在各种设备里运行。以汽车为例，一辆汽车中有几十甚至上百个嵌入式计算机，它们的计算能力加起来可能比一台普通商用电脑的计算能力还强。

2.1.3　计算机的逻辑组成

计算机系统由硬件和软件两部分组成。计算机硬件是计算机系统中看得见、摸得着的所有实际物理装置的总称。例如，处理器芯片、存储器芯片、主板、机箱、键盘、鼠标、显示器、打印机等，都是计算机的硬件。计算机软件是指在计算机中运行的各种程序及其处理的数据和相关文档。程序用来指挥计算机硬件自动进行规定的操作，数据则是程序处理的对象，文档是软件设计报告、操作使用说明等，它们都是软件不可缺少的组成部分。没有安装任何计算机软件的计算机系统称为裸机，裸机几乎无法完成工作。

从逻辑上(功能上)来讲，计算机硬件主要包括中央处理器(CPU)、主存储器、辅助存储器、输入设备和输出设备(I/O 设备)等，通过总线相互连接，如图 2-4 所示。习惯上人们把 CPU、主存储器及总线等作为"主机"，输入/输出设备和辅助存储器等称为计算机的"外围设备"，简称"外设"。

图 2-4　计算机硬件的逻辑组成

2.2 CPU 的结构与原理

负责对输入信息进行各种处理的部件称为"处理器",由于它们制作在面积很小的半导体芯片上,所以也把它称为"微处理器"。一台计算机有很多个处理器,它们各有不同的任务,其中承担系统软件和应用软件运行任务的处理器称为"中央处理器"(CPU),它是任何一台计算机必不可少的核心组成部件。

2.2.1 CPU 的组成

迄今为止,我们所使用的计算机大多是按照匈牙利数学家冯·诺伊曼(J. von Neumann)提出的"存储程序控制"原理进行工作的,即一个问题的解算步骤(程序)连同它所处理的数据都使用二进位表示,并预先存放在存储器中。程序运行时,CPU 自动从内存中一条一条地取出指令和相应的数据,按指令操作码的规定,对数据进行运算处理,直到程序执行完毕为止。

CPU 的主要任务是执行指令,它按指令的规定对数据进行操作。CPU 的结构如图 2-5 所示,它主要由三部分组成:运算器、控制器和寄存器组。

图 2-5 CPU 的组成及其与内存的关系

1. 运算器

用来对二进制数据进行各种算术运算和逻辑运算,所以也称为算术逻辑部件(ALU)。为了加快运算速度,运算器中的 ALU 可能有多个,有的负责完成整数运算,有的负责完成实数(浮点数)运算,有的还能进行一些特殊的运算处理。

2. 控制器

控制器是 CPU 的指挥中心。它有一个指令计数器,用来存放 CPU 正在执行的指令地址,CPU 按照该地址从内存读取所要执行的指令。多数情况下,指令是顺序执行的,所以 CPU 每执行一条指令后指令计数器就加 1。控制器中还有一个指令寄存器,它用来保存当前正在执行的指令,通过译码器解释该指令的含义,控制运算器的操作,记录 CPU 的内部状态等。

3. 寄存器组

它由十几个甚至几十个寄存器组成。寄存器是 CPU 内部用来存放数据的一些小型存储区域,用来临时存放参与运算的数据和运算得到的中间(或最后)结果。需要运算器处理的数据预先从内存传送到寄存器;运算结果不再需要继续参加运算时就从寄存器保存到内存,寄存器由一组触发器组成,运算处理速度极快。

2.2.2 指令与指令系统

使用计算机完成某个任务(如播放音乐)必须运行相应的程序(如酷狗音乐)。在计算机内部,程序是由一连串指令组成的,指令是构成程序的基本单位。指令采用二进位表示,由两个部分组成。

1. 操作码

指出计算机应执行何种操作的一个命令词,例如:加、减、乘、除、逻辑加、逻辑乘、取数、存数、移位、跳转等,每一种操作分别使用不同的二进制代码表示。

2. 操作数地址(操作数)

给出该指令所操作(处理)的数据或者指出数据所在位置(在哪个寄存器或在内存的哪个单元)。操作数地址可能是 1 个、2 个甚至 3 个,这需要由操作码决定。

尽管计算机可以运行非常复杂的程序,完成多种多样的功能,然而,任何复杂程序的运行总是由 CPU 一条一条地执行指令来完成的。CPU 执行每一条指令都还要分成若干步,每一步仅仅完成一个或几个非常简单的操作(称为微操作)。指令的执行过程可简述为三个阶段:取指令,分析指令,执行指令。

不同指令的功能不同,所处理的操作数类型、个数和来源也不一样,执行时的步骤和复杂程度可能有差别。

每一种 CPU 都有它自己独特的一组指令。CPU 所能执行的全部指令称为该 CPU 的指令系统,也称为指令集。现在,PC 机和智能手机 CPU 的指令系统中有数以百计的不同指令,它们分成许多类,例如在 Core 处理器中共有七大类指令,即数据传送类、算术运算类、逻辑运算类、移位操作类、位(位串)操作类、控制转移类、输入/输出类。每一类指令(如数据传送类、算术运算类)又按照操作数的性质(如整数还是实数)、操作数长度(16 位、32 位、64 位、128 位等)等区分为许多不同的指令。

不同公司生产的 CPU 各有自己的指令系统,一般并不相同。例如,现在大部分 PC 都使用 Intel 公司的微处理器作为 CPU,而许多智能手机使用的则是英国 ARM 公司设计的微处理器,它们的指令系统有很大差别,再加上操作系统也不相同,因此 PC 机上的程序代码不能直接在智能手机上运行,反之也是如此。但有些 PC 机使用 AMD 公司的微处理器,它们与 Intel 处理器的指令系统基本一致,因此可以相互兼容。

2.2.3 CPU 的性能指标

计算机的性能在很大程度上是由 CPU 决定的。CPU 的性能主要表现在程序执行速

度的快慢,而程序执行的速度与 CPU 相关的因素有很多,例如:

1. 字长(位数)

字长指的是 CPU 中通用寄存器/定点运算器的宽度(即二进制整数运算的位数)。由于存储器地址是整数,整数运算由定点运算器完成,定点运算器的宽度也就决定了地址码位数的多少。而地址码的位数则决定了 CPU 可访问的最大内存空间,这是影响 CPU 性能的一个重要因素。中、低端应用(如洗衣机、微波炉、数码相机等)的嵌入式计算机大多是 8 位、16 位或 32 位的 CPU,中、高端的智能手机如华为 Mate20、苹果 iPhoneX 等使用 64 位 CPU;PC 机使用的 CPU 早些年大多是 32 位处理器,现在使用的都是 64 位 CPU。

2. 主频(CPU 时钟频率)

CPU 中电子线路的工作频率,它决定着 CPU 芯片内部数据传输与操作速度的快慢。一般而言,执行 1 条指令需要 1 个或几个时钟周期,所以主频越高,执行一条指令需要的时间就越少,CPU 的处理速度就越快。20 世纪 80 年代初 PC 机 CPU 的主频不超过 10MHz,现在个人计算机和高端智能手机的 CPU 的主频都在 1~4GHz 之间。

3. 高速缓存(cache)

高速缓存是位于 CPU 与内存之间的临时存储器,它的容量比内存小得多,但是传输速度却比内存要快得多。高速缓存主要是为了解决 CPU 运算速度与内存读、写速度不匹配的矛盾。它采用速度极快的 SRAM 芯片直接制作在 CPU 内部。通常,cache 容量越大、级数越多,CPU 性能发挥就越好。

4. 指令系统

指令的类型、格式、功能和数目会影响程序的执行速度。

5. 逻辑结构

指其硬件体系结构,如 CPU 包含的定点运算器和浮点运算器数目、是否具有数字信号处理功能、有无指令预测功能、流水线结构和级数等。

6. CPU 核的个数

为提高 CPU 芯片的性能,现在 CPU 芯片往往包含有 2 个、4 个、6 个甚至更多 CPU 核,每个核都是一个独立的 CPU,有各自的 1 级和 2 级 cache,共享 3 级 cache 和前端总线。在操作系统支持下,多个 CPU 核并行工作,核越多,CPU 芯片整体性能越高。需要说明的是,由于算法和程序的原因,n 个核的 CPU 性能绝不是单核 CPU 的 n 倍。

多年来,度量 CPU 性能使用的指标有 MIPS(百万条定点指令/秒)、MFLOPS(百万条浮点指令/秒)和 TFLOPS(万亿条浮点指令/秒)。但应用程序执行速度不仅与 CPU、内存有关,而且与硬盘、存储器、操作系统等也有密切关系,再加上实际应用又千变万化,因此除了巨型机、大型机之外,个人计算机一般并不使用上述指标来衡量其性能,而是面向应用进行综合性能测试后给出评分。

2.3 主板和 I/O

2.3.1 主板、芯片组与 BIOS

1. 主板

无论是台式机、笔记本电脑还是智能手机，CPU/SoC 芯片、存储器芯片、总线和 I/O 控制器等电路都是安装在印制电路板上的，除了芯片和电子元件之外，电路板上还安装了各种用作 I/O 接口的插头插座，这种电路板就称为计算机的主板（或母板）。主板性能的好坏，将直接影响整个计算机系统的性能。

主板采用开放式结构，通常安装有 CPU 插座、芯片组、存储器插座、扩充卡插座、显卡插座 BOS 芯片、CMOS 存储器、辅助芯片和若干用于连接外围设备的 I/O 接口，如图 2-6 所示。

图 2-6 主板构成示意图

CPU 芯片和内存条分别通过主板上的 CPU 插座和内存条插槽安装在主板上。PC 机常用外围设备通过扩充卡（例如声音卡、显示卡等）或 I/O 接口与主板相连，扩充卡借助卡上的印刷插头插在主板上的 PCI 或 PCI-E 总线插座中。随着集成电路的发展和计算机设计技术的进步，许多扩充卡的功能已经部分或全部集成在芯片组和主板上（例如，串行口、并行口、声卡、网卡等控制电路），因而主板的结构越来越简化。

主板上还有两块特别有用的集成电路：一块是闪速存储器（flash ROM），其中存放的是基本输入/输出系统（BIOS），它是 PC 机启动时最先运行的软件，没有它机器就无法启动；另一块是 CMOS 存储器，其中存放着与计算机系统相关的一些参数，也称为"配置信息"，包括当前的日期和时间、开机口令、已安装的光驱和硬盘的个数及类型、加载操作系统的顺序等。CMOS 芯片是一种易失性存储器，它由主板上的纽扣电池供电，所以计算机关机后也不会丢失所存储的信息。

2. 芯片组

芯片组(chipset)是各组成部分相互连接和通信的枢纽,它决定了主板的功能,进而影响到整个计算机系统性能的发挥。

芯片组原先有两块芯片:北桥芯片和南桥芯片。北桥芯片是存储控制中心,用于高速连接 CPU、内存条、显卡,并与南桥芯片互连;南桥芯片是 I/O 控制中心,主要与 PCI 总线插槽、USB 接口、硬盘接口、音频编解码器、BOS 和 CMOS 存储器等连接,CPU 的时钟信号也由芯片组提供。随着集成电路技术的进步,北桥的大部分功能(如内存控制、显卡接口等)已经集成在 CPU 芯片中,其他功能则合并至南桥芯片,所以现在只需要 1 块芯片(称为单芯片的芯片组)即可完成系统所有硬件的连接。目前广泛使用的 Core i7/i5/i3、赛扬、奔腾等 CPU 芯片都是如此。

需要注意的是,有什么样功能和速度的 CPU,就需要使用什么样的芯片组。芯片组是与 CPU 芯片及外围设备配套同步发展的。

智能手机的主板上并没有芯片组,扩展功能有限,外设接口很少,必需的一些控制电路已经集成在 SoC 芯片中了。

3. BIOS

BIOS 的中文名叫作基本输入/输出系统,它是存储在主板上闪速存储器中的一组程序。由于存放在闪存中,即使机器关机,它的内容也不会改变。每次机器加电时,CPU 总是首先执行 BIOS 程序,它具有诊断计算机故障及加载操作系统并启动其运行的功能。

BIOS 主要包含四个部分的程序:加电自检程序(POST)、系统盘主引导记录的装入程序、CMOS 设置程序和基本外围设备的驱动程序。有关计算机操作系统的启动过程在第 3 章再做介绍。

2.3.2 I/O 总线与 I/O 接口

1. I/O 操作

输入/输出设备(I/O 设备)是计算机与外界沟通与联系的桥梁。I/O 操作的任务是将输入设备输入的数据送入计算机内存,或者将数据从内存读出送到输出设备。

I/O 操作的特点是:

(1) I/O 操作与 CPU 的运算可同时进行。

(2) 多个 I/O 设备的操作也可同时进行工作。

(3) 每类 I/O 设备都有各自的控制器。它们按照 CPU 的 I/O 操作命令,独立地控制 I/O 操作的全过程。

不同 I/O 设备的控制器结构与功能不同,复杂程度不同。随着集成电路技术的发展,很多设备控制器的功能已经集成在主板上的芯片组内。如果有些设备的功能系统没有集成,则通过万能驱动程序进行安装,也可以从网上下载驱动人生或者驱动精灵软件进行安装。

2. 总线

总线(bus)是用于在 CPU、内存、外存和各种输入/输出设备之间传输信息并协调它们工作的一种部件,由传输线和控制电路组成。有些计算机把用于连接CPU和内存的总线称为CPU总线(或前端总线、高速总线),把连接内存和I/O设备(包括辅存)的总线称为I/O总线。

另外,根据总线所传输的信号种类,总线又可以划分为数据总线、地址总线和控制总线,分别用来传输数据信号、地址信号和控制信号。

(1) 数据总线(DB):用来传送数据信息,是双向。

(2) 地址总线(AB):用于传送CPU发出的地址信息,是单向的。存储器是按地址访问的,所以每个存储单元都有一个固定地址,要访问1MB存储器中的任一单元,需要给出1MB个地址,即需要20位地址($2^{20}=1MB$)。因此,地址总线的宽度决定了CPU的最大寻址能力。

(3) 控制总线(CB):用来传送控制信号、时序信号和状态信息等。

I/O总线的主要任务是高速传输数据,即总线的带宽(bandwidth,单位时间内可传输的最大数据量)是衡量I/O总线最重要的性能指标。总线带宽的计算公式如下:

总线带宽(MB/s)=(数据线宽度/8)×总线的工作频率(MHz)×每个总线周期的传输次数

例:若总线的数据线宽度为16位,总线的工作频率为133MHz,每个总线周期传输一次数据,则其带宽为多少?

解答:该总线的带宽=16/8×133MHz×1=266MB/s。

3. I/O接口

I/O设备大多是独立的物理实体,它们在需要时才与主机连接。用于连接I/O设备的连接器(connector)也称为插头/插座。主机上一般都是插座,它通过数据线(或直接)与I/O设备连接。计算机中用于连接I/O设备的连接器以及用于实现I/O通信规程的控制电路就称为I/O设备接口,简称I/O接口。通用计算机可以连接许多不同种类的I/O设备,以前不同设备使用不同的I/O接口,类型繁多。如图2-7所示I/O设备接口图。

图2-7 I/O设备接口图

根据上图所示的各个常用接口给出表2-2,说明各个接口的性能指标。

表2-2 常用I/O接口及其性能指标

名 称	数据传输方式	数据传输速率	插头/插座形式	可连接的设备数目	通常连接的设备
PS/2接口	串行,双向	低速	圆形6针	1	键盘、鼠标
USB 2.0	串行,双向	60MB/s(高速)	矩形4线	最多127	几乎所有外围设备
USB 3.0	串行,双向	400MB/s	矩形8线	最多127	几乎所有外围设备
IEEE 1394a IEEE 1394b	串行,双向	50MB/s,100MB/s,200MB/s	矩形6线	最多63	音视频设备
ATA	并行,双向	66MB/s,100MB/s,133MB/s	(E-IDE)40/80线	1~4	硬盘,光驱,软驱
SATA	串行,双向	150MB/s,300MB/s,600MB/s	7针插头/插座	1	硬盘,光盘
eSATA	串行,双向	300MB/s	连接线最长2m	1	外置的SATA接口,连接移动硬盘
显示器输出接口VGA	并行,单向	200~500MB/s	HDB15	1	显示器
红外线接口(IrDA)	串行,双向	115000 bps 或 4 Mbps	不需要	1	键盘,鼠标器,打印机等
高清晰多媒体接口HDMI	并行,单向	10.2Gbps	19针插座	1	显示器,电视机

现在除了显示器和硬盘还有自己的专用接口之外,其他设备几乎都使用USB接口进行连接。USB接口是通用串行总线式接口,是一种可以通过USB集线器同时连接多个设备同时进行I/O操作的接口。

USB接口的主要特性:

(1) 借助"USB集线器",一个USB接口用USB集线器最多可连接127个设备。

(2) 符合即插即用规范,支持热插拔。

(3) 可通过USB接口由主机向外设提供电源(+5V,100~500 mA)。

USB接口有多个版本,早期的1.0版和1.1版已很少使用,现在普遍使用的是USB 2.0版,其微型B连接器(micro-B)已经逐步替代mini连接器,几乎已成为智能手机等便携式设备的标配。如表2-3所示。

表2-3 USB接口的版本及常用的连接器

USB接口型号	特点	接口标准	插头	插座	说明
USB 2.0	带宽:480Mb/s; 供电:4.4~5.25V,100~500mA	标准A	type A	type A	计算机主机使用
		标准B	type B	type B	计算机外设使用
		小型B	mini-B	mini-B	数码产品
		微型B	micro-B	micro-B	手机等移动终端
USB 3.0	带宽:5Gb/s; 供电:+5V,150~900mA	标准A			计算机主机使用
		微型B	0.65 mm		外置硬盘、U盘等
USB 3.1	带宽:10Gb/s	USB-C	type C	type C	各种设备的通用连接器

2.4 存 储 器

计算机能够把程序和数据(包括原始数据、中间运算结果与最终结果等)储存起来,具有这种功能的部件就是"存储器"。

计算机中的存储器分为主存储器(或工作存储器,简称主存,英语为memory)和辅助存储器(简称辅存,英语为storage)两大类。

主存储器与CPU高速连接,按字节编址(每个字节均有地址,CPU可直接访问任一字节),它用来存放已经启动运行的程序代码和需要处理的数据。主存的存取速度快而容量相对较小(因成本较高),大多是易失性存储器。

辅助存储器能长期存放计算机系统中几乎所有的信息,即使断电信息也不会丢失。辅存的容量很大但存取速度相对较慢,它按数据块进行编址(不能也不需要按字节编址),计算机执行程序时,辅存中的程序代码及相关的数据必须预先传送到主存,然后才能被 CPU 运行和处理。

2.4.1 存储器的层次结构

计算机中有多种不同类型的存储器。为了使存储器的性能/价格比得到优化,计算机中各种内存储器和辅助存储器往往组成一个层状的塔式结构(图 2-8),它们相互取长补短,协同工作。

图 2-8 存储器的层次结构及特点

2.4.2 内存储器

1. DRAM、SRAM 和 ROM

内存储器由半导体集成电路构成,具有高速读写和按字节随机存取的特性,也称为随机存取存储器(RAM),断电时信息会丢失,属于易失性存储器。RAM 目前多采用 MOS 型半导体集成电路芯片制成,根据其保存数据的机理又可分为 DRAM 和 SRAM 两种(图 2-9)。

图 2-9 半导体存储器的类型及其在计算机中的应用

(1) DRAM(动态随机存取存储器)。芯片的电路简单,集成度高,功耗小,成本较低,适合用作内存储器的主体部分(称为主存储器或主存)。但它的速度比 CPU 慢,为了匹配 CPU 速度,出现了多种不同结构的 DRAM,以改善其性能。

(2) SRAM(静态随机存取存储器)。与 DRAM 相比,它的电路较复杂,集成度低,功耗较大,制造成本高,价格贵,但工作速度很快,与 CPU 速度相差不多,适合用作高速缓冲存储器 cache(目前大多与 CPU 集成在同一芯片中)。

除了易失性的 RAM 存储器之外,半导体存储器的另外一类是非易失性存储器。其中 EEPROM(电可擦可编程只读存储器)能按"位"擦写信息,但速度较慢、容量不大,由于价格便宜,在低端产品(如 IC 卡)中用得较多。另一种 flash memory(快擦除存储器,或闪速存储器,简称闪存)是 EEPROM 的改进,它是一种新型的非易失性存储器,速度快、容量大,能像 RAM 一样写入信息。它的工作原理是:在低电压下,存储的信息可读但不可写,这时类似于 ROM;而在较高的电压下,所存储的信息可以更改和删除,这时又类似于 RAM。

快擦除存储器有两类:或非型(NOR flash)和与非型(NAND flash)。NOR flash 以字节为单位进行随机存取,存储在其中的程序可以直接被 CPU 执行,可用作内存储器(例如存储 BIOS 程序的 flash 存储器);NAND flash 以页(块)为单位进行存取,读出速度较慢,通常应将程序或数据先成批读入 RAM 中再进行处理,但它在容量、使用寿命和成本方面有较大优势,大多作为存储卡、U 盘或固态硬盘(SSD)等辅助存储器使用,智能手机中所谓"手机存储""机身内存"之类的辅助存储器,都是 NAND 型闪速存储器。

2. 主存储器

服务器、PC、智能手机等的主存储器主要是由 DRAM 芯片组成的。它包含有大量的存储单元,每个存储单元可以存放 1 个字节(8 个二进位)。存储器的存储容量就是指它所包含的存储单元的总和,单位是 MB($1MB=2^{20}$ 字节)或 GB($1GB=2^{30}$ 字节)。每个存储单元都有一个地址,CPU 按地址对存储器的内容进行访问。

存储器的存取时间指从 CPU 给出存储器地址开始到存储器读出数据并送到 CPU(或者是把 CPU 数据写入存储器)所需要的时间。主存储器存取时间的单位是纳秒(ns,$1ns=10^{-9}s$)。

台式 PC 机主存储器在物理结构上由若干内存条组成,内存条是把若干片 DRAM 芯片焊在一小条印制电路板上做成的部件,如图 2-10(a)所示。内存条必须插入主板上的内存条插座如图 2-10(b)所示中才能使用。DDR3 和 DDR4 均采用双列直插式(DIMM)内存条。PC 机主板上一般都配备有 2 个或 4 个 DIMM 插座。

(a) 内存条

(b) 内存条插座

图 2-10 内存条与内存条插座

智能手机等移动终端设备现在使用的主存储器也是由 DDR SDRAM 存储芯片构成的。为减少能耗,一般选用低功耗的存储芯片(LPDDR3/LPDDR4)。另外,由于受体积限制,存储芯片都直接焊装在主板上,用户不能更换也无法扩充其容量。

2.4.3 辅助存储器

计算机传统的辅助存储器是硬盘、光盘等,它们已经使用了几十年。近十多年来,U盘和存储卡的普及,为大容量信息存储提供了更多的选择。

1. 硬盘存储器

几十年来,硬盘存储器一直是计算机最重要的辅助存储器。由于微电子、材料、机械等领域的先进技术不断地应用到新型硬盘中,硬盘的容量不断增大,性能不断提高。下面介绍硬盘的组成、原理、与主机的接口和主要性能指标。

1) 组成与原理

硬盘存储器由磁盘盘片(存储介质)、主轴与主轴电机、移动臂、磁头和控制电路等组成,它们全部密封于一个盒状装置内,这就是通常所说的硬盘,如图2-11(a)所示。

(1) 磁盘盘片和磁头

硬盘的盘片由铝合金或玻璃材料制成,盘片的上下两面都涂有一层很薄的磁性材料,通过磁性材料粒子的磁化来记录数据。磁性材料粒子有两种不同的磁化方向,分别用来表示记录的是"0"还是"1"。盘片表面由外向里分成许多同心圆,每个圆称为一个磁道,盘面上一般都有几千个磁道,每条磁道还要分成几千个扇区,每个扇区的容量一般为512字节或4KB(容量超过2TB的硬盘),盘片两侧各有一个磁头,磁头是一个质量很小的薄膜组件,它负责盘片上数据的写入或读出,盘片两面都可记录数据。图2-11(b)为盘片上的磁道和扇区,特别要注意的是,所谓磁盘的格式化操作,就是在盘面上划分磁道和扇区,并在扇区中填写扇区号等信息的过程。

(a) 硬盘盘片与驱动器的组成 (b) 磁道和扇区

图 2-11 硬盘

(2) 柱面

通常,一块硬盘由1至4张盘片(1张盘片也称为1个单碟)组成,所有盘片上相同半径处的一组磁道称为"柱面"。所以,硬盘上的数据需要使用三个参数来定位:柱面号、扇区号和磁头号。

(3) 硬盘工作原理

硬盘中的所有单碟都固定在主轴上。主轴底部有一个电机,当硬盘工作时,电机带动主轴,主轴带动盘片主轴高速旋转,其速度为每分钟几千转甚至上万转。盘片高速旋转时带动的气流将盘片两侧的磁头托起。移动臂用来固定磁头,并带动磁头沿着盘片的径向高速移动,定位到指定的柱面。

磁盘盘片的直径为3.5英寸、2.5英寸和1.8英寸等,有些甚至更小。3.5英寸和2.5英寸的硬盘分别用于台式PC和笔记本电脑,微型硬盘用于数码摄像机、MP3和MP4播放器等设备。

硬盘上的数据读写速度与机械运动有关,完成一次读写操作比较慢,大约需要10ms左右。为此,硬盘通过将数据暂存在一个比其速度快得多的缓冲区中来加快它与主机交换数据的速度,这个缓冲区就是硬盘的高速缓存(cache)。硬盘的高速缓存由DRAM芯片构成。

硬盘与主机的接口是主机与硬盘驱动器之间的信息传输通道。固定安装在PC机箱中的硬盘接口是串行ATA(简称SATA)接口,它以高速串行的方式传输数据,传输速率高达150MB/s(SATA 1.0)、300MB/s(SATA 2.0)或600MB/s(SATA 3.0)。由于是串行传输,线缆数目大大缩减,有利于机箱内散热。

2) 硬盘的主要性能指标

(1) 容量

硬盘的存储容量以千兆字节(GB)或太字节(TB)为单位。目前PC硬盘单碟容量大多为几百GB至1TB,其存储容量为所有单碟容量之和。

例 硬盘的存储容量是衡量其性能的重要指标。假设一个硬盘有2个碟片,每个碟片有两面,每面有10 000个磁道,每个磁道有1 000个扇区,每个扇区512B,则该磁盘的存储容量为多少GB?

解:容量 = 碟片数×面数×磁道数×扇区数×扇区容量
　　　　= 2×2×10 000×1 000×512B=20 480 000 000B=20GB

答:该磁盘的存储容量为20GB。

(2) 平均存取时间

硬盘存储器的平均存取时间由硬盘的旋转速度(每分钟7 200转、5 400转或4 200转)、磁头的寻道时间和数据的传输速率所决定。硬盘旋转速度越高,磁头移动到数据所在柱面越快,对于缩短数据存取时间越有利。目前这两部分时间大约在几毫秒至几十毫秒之间。

(3) 缓存容量

高速缓冲存储器能有效地改善硬盘的数据传输性能,理论上cache是越快越好、越大越好。目前硬盘的缓存容量大多为几MB至几十MB。

(4) 数据传输速率

数据传输速率分为外部传输速率和内部传输速率。外部传输速率(接口传输速率)指主机从(向)硬盘缓存读出(写入)数据的速度,它与采用的接口类型有关,现在采用SATA 3.0接口的硬盘传输速率为6Gb/s;内部传输速率指硬盘在盘片上读写数据的速度,通常远小于外部传输速率。一般而言,当单碟容量相同时,转速越高内部传输速率也越快。

总之，在选购硬盘时，存储容量、平均存取时间、缓存大小、内部传输速率、接口类型等都是需要考虑的因素。

3）移动硬盘

除了固定安装在机箱中的硬盘之外，还有一类硬盘产品，它们的体积小，重量轻，采用 USB 接口，可随时插上计算机或从计算机拔下，非常方便携带和使用，称为"移动硬盘"。移动硬盘通常采用 2.5 英寸的硬盘加上特制的配套硬盘盒构成。一些超薄型的移动硬盘，厚度仅 1 个多厘米，比手掌还小一些，重量只有 200 至 300g，存储容量可以达到 1TB 甚至更高，工作时噪音小，环境安静。

移动硬盘的优点如下：

（1）容量大。非常适合携带大型图库、数据库、音像库、软件库的需要。

（2）兼容性好，即插即用。由于采用了通用的 USB 接口，因此移动硬盘可以与各种电脑连接。而且在 Windows 系统下不用安装驱动程序，即插即用，并可以热插拔（注意：需要在其停止读写操作之后）。

（3）速度快。USB 2.0 接口传输速率是 60MB/s，USB 3.0 的传输速率高达 400MB/s，与主机传输数据时，读写一个 GB 数量级的大型文件，理论上只需要几分钟就可完成（实际还取决于软件等多种因素），特别适合于视频和音频文件的存储与交换。

（4）体积小，重量轻，由主机供电，无须外接电源。USB 移动硬盘体积仅手掌般大小，重量只有 200g 左右，无论放在包中还是口袋内都十分轻巧方便。

（5）安全可靠。有的移动硬盘具有防震功能，在剧烈震动的情况下盘片会自动停转，并将磁头复位到安全区，防止盘片损坏。

4）硬盘使用注意事项

硬盘的正确使用和日常维护非常重要，否则会出现故障或缩短使用寿命，甚至殃及所存储的数据，给工作带来不可挽回的损失。硬盘使用中应注意以下问题：

（1）硬盘正在读写时不能关掉电源，因为硬盘高速旋转时突然断电将导致磁头与盘片猛烈摩擦，从而损坏硬盘。

（2）保持使用环境的清洁卫生，注意防尘；控制环境温湿度，防止高温、潮湿和磁场对硬盘的影响。

（3）防止硬盘受震动。硬盘在进行读写操作时，一旦发生较大的震动，就可能造成磁头与盘片相撞，导致盘片数据区损坏（划盘），丢失硬盘内的文件信息。因此在工作时严禁搬动硬盘。

（4）及时对硬盘数据进行整理，包括目录的整理、文件的清理、磁盘碎片整理等。

（5）防止计算机病毒对硬盘的破坏，对硬盘定期进行病毒检测和数据备份。

2. U 盘、存储卡和固态硬盘

目前广泛使用的移动存储器除了移动硬盘之外，还有 U 盘、存储卡和固态盘（SSD）等，它们的存储部件都是使用闪速存储器芯片构成的。

1）U 盘

U 盘（又称为优盘、闪存盘）是目前广泛使用的移动存储器之一，它通过 USB 接口与电脑连接，实现即插即用。U 盘由外壳和机芯两部分组成，外壳可以是塑料或金属制成，机芯是一小块印制电路板，上面安装了控制芯片、NAND 闪存芯片、晶体振荡器、LED 指示灯、电容、电阻、写保护开关等。

U 盘的容量可以从几百 MB 到几百 GB，有些容量更大。它能安全可靠地保存数据，使用寿命长达数年之久。U 盘还可以模拟光驱和硬盘启动系统工作。当 Windows 操作系统受到病毒感染时，U 盘可以同光盘一样，起着引导和加载操作系统的作用。

2) 存储卡

存储卡是在闪存芯片基础上做成的固态存储器，形状为扁平的长方形或正方形，细小轻巧，插拔方便，最先在数码相机上使用。存储卡的种类较多，现在广泛使用的有 SD 卡、MMC 卡、CF 卡和 Memory Stick 卡（MS 卡）等，它们在手机等各种便携式数码设备中广泛使用，台式 PC 配置了读卡器之后也可使用存储卡。

目前使用最广泛的是 SD 卡，除了标准卡之外，还有尺寸更小的 mini SD 卡和 micro SD 卡（又称为 TF 卡），如图 2-12(a)所示。SD 卡的容量目前分 3 档，即 SD(8MB～2GB)、SDHC(大于 2～32GB)和 SDXC(大于 32GB～2TB)。按照其数据读写速率，SD 卡又分成若干等级，不同速率等级的 SD 卡适合不同的应用（如高清摄像机需要使用高等级的 SD 卡），价格也有显著差别。

(a) SD 卡　　　　　　　　　　　　　　(b) MMC 卡

图 2-12　SD 卡和 MMC 卡

MMC 卡[multi-media card，多媒体存储卡，如图 2-12(b)所示]与标准 SD 卡大小差不多，它可以插入 SD 卡插槽中使用，它由控制电路和闪存芯片两部分组成。MMC 的技术标准是开放的，其他厂商可免费使用。

3) 固态硬盘(SSD)

固态硬盘(solid state disk 或 solid state drive，简称 SSD，准确的技术名称应为固态驱动器)，它也是基于 NAND 型闪速存储器构成的一种辅助存储设备，其目的是在计算机中代替传统的硬盘。由于其接口规范、功能及使用特性与普通硬盘完全相同，起初外形和尺寸也保持一致，所以人们把这类存储器称为"固态硬盘"。

SSD 的结构并不复杂。其主体是一块印制电路板，上面安装了 NAND 闪存芯片、控制芯片、缓存芯片等。

与常规硬盘相比，固态硬盘具有读写速度快、功耗低、无噪音、抗震动等优点。但价格较高，容量较低（目前容量大多为几十到几百 GB），一旦硬件损坏，数据较难恢复，耐用性

(寿命)也相对较短。为此,一些高端 PC 机尝试使用混合硬盘(SSD+HDD)的方案,即一块小容量固态硬盘用于休眠和文件的高级缓存;另一块大容量的机械硬盘用于海量数据存储,它们协同工作以提高系统的整体性能。

3. 光盘存储器

自 20 世纪 70 年代初光存储技术诞生以来,光盘存储器获得迅速发展,产生了 CD、DVD 和 BD 三代光盘存储器产品。光盘由于成本较低、容量大、可靠性高,在前十年非常受欢迎,但是光盘存储器的读写速度较慢,容易损坏,且 U 盘的广泛使用,光盘的应用已大幅减少。

1) 光盘存储器的结构与原理

光盘存储器由光盘片和光盘驱动器两个部分组成。光盘片用于存储数据,其基片是一种耐热的有机玻璃,直径大多为 120mm(约 5 英寸),用于记录数据的是一条由里向外的连续的螺旋状光道。光盘存储数据的原理与磁盘不同,它通过在盘面上压制凹坑的方法来记录信息,凹坑的边缘处表示"1",而凹坑内和凹坑外的平坦部分表示"0",信息的读出需要使用激光进行分辨和识别。

光盘驱动器简称光驱,用于带动盘片旋转并读出盘片上的(或向盘片上刻录)数据,其性能指标之一是数据的传输速率。内置于机箱的光驱与主机的接口现在大多为 SATA 接口,外接光驱使用 USB 接口与主机连接。

2) 光驱的类型

光盘存储器技术在 21 世纪初发展很快,现在已基本稳定。光盘驱动器按其信息读写能力,分成只读光驱和光盘刻录机两大类;按其可处理的光盘片类型,又进一步分成 CD 只读光驱和 CD 刻录机(使用红外激光)、DVD 只读光驱和 DVD 刻录机(使用红色激光)、DVD 只读光驱与 CD 刻录机结合在一起的组合光驱(所谓的"康宝"),以及大容量蓝色激光光驱 BD。由于 DVD 驱动器均能兼容 CD 光盘的读出,单纯的 CD 只读光驱和 CD 刻录机目前市场上已很少见。

3) 光盘片的类型

光盘片是光盘存储器的信息存储载体(介质),按其存储容量目前主要有 CD 盘片、DVD 盘片和蓝色激光盘片三大类,按其信息读写特性又可进一步分成只读盘片、一次可写盘片和可擦写盘片三种。

(1) CD 光盘片

CD 光盘片主要用来存储高保真数字立体声音乐(称为 CD 唱片),存储容量不大(约 650MB),它有只读(CD-ROM 盘)、可写一次(CD-R 盘)和可多次读写(CD-RW 盘)三种不同类型。

(2) DVD 光盘片 DVD 盘片与 CD 盘片的大小相同,但它有单面单层、单面双层、双面单层和双面双层共 4 个品种。DVD 的道间距比 CD 盘小一半,且信息凹坑更加密集,它利用聚焦更细($1.08\mu m$)的红色激光进行信息的读取,因而盘片的存储容量大大提高。表 2-4 是各种不同 DVD 光盘的存储容量及其名称。

表 2-4　各种不同 DVD 光盘的存储容量

DVD 光盘类型	120mm DVD 存储容量(GB)	80mm DVD 存储容量(GB)
单面单层(SS/SL)	4.7(DVD-5)	1.46(DVD-1)
单面双层(SS/DL)	8.5(DVD-9)	2.66(DVD-2)
双面单层(DS/SL)	9.4(DVD-10)	2.92(DVD-3)
双面双层(DS/DL)	17(DVD-18)	5.32(DVD-4)

与 CD 光盘片一样,可刻录信息的 DVD 光盘片也分成一次性记录光盘(DVD-R 或 DVD+R)和可复写光盘(DVD-RAM、DVD-RW 或 DVD+RW)两大类。

(3) 蓝光光盘

蓝光光盘(blu-ray disc,简称 BD)是目前比较先进的大容量光盘片,单层盘片的存储容量为 25GB,双层盘片的容量为 50GB,是全高清晰度影片的理想存储介质。新的 3 层和 4 层蓝光光盘容量分别达到 100GB 和 128GB。与 DVD 盘片一样,BD 盘片也有 BD-ROM、BD-R 和 BD-RE 之分,它们分别适用于只读、单次刻录和多次刻录三种不同的应用。

2.5　常用输入设备

"输入(input)"是把命令、数据、文本、声音、图像和视频等信息送入计算机的过程。输入可以由人、外部环境或其他计算机来完成。用来向计算机输入信息的设备通称为"输入设备",它们是计算机系统必不可少的重要组成部分。输入设备有多种,例如键盘、鼠标器、触摸屏、麦克风、传感器以及条码、磁卡、IC 卡的扫描器或读卡器等。不论信息的原始形态如何,输入到计算机中的信息都使用二进位来表示。

2.5.1　字符与命令输入设备

1. 键盘

键盘是计算机最常用也是最主要的输入设备。用户通过键盘可以将字母、数字、符号等送入计算机,从而向计算机发出命令,输入中西文字和数据。

计算机键盘上有一组印有不同符号标记的按键,按键以矩形排列安装在电路板上。这些按键包括数字键(0~9)、字母键(A~Z)、符号键、运算键以及若干控制键和功能键。表 2-5 是 PC 机键盘中部分常用控制键的主要功能。

表 2-5　键盘中部分常用控制键的作用

控制键名称	主要功能
Alt	Alternate 的缩写,它与另一个(些)键一起按下时,将发出一个命令,其含义由应用程序决定
Break	经常用于终止或暂停一个 DOS 程序的执行
Ctrl	Control 的缩写,它与另一个(些)键一起按下时,将发出一个命令,其含义由应用程序决定

(续表)

控制键名称	主要功能
Delete	删除光标右面的一个字符,或者删除一个(些)已选择的对象
End	一般是把光标移动到行末
Esc	Escape 的缩写,经常用于退出一个程序或操作
F1~F12	共 12 个功能键,其功能由操作系统及运行的应用程序决定
Home	通常用于把光标移动到开始位置,如一个文档的起始位置或一行的开始处
Insert	输入字符时有覆盖方式和插入方式两种,【Insert】键用于在两种方式之间进行切换
Num Lock	数字小键盘可用作计算器键盘,也可用作光标控制键,由本键进行切换
Page Up	使光标向上移动若干行(向上翻页)
Page Down	使光标向下移动若干行(向下翻页)
Pause	临时性地挂起一个程序或命令
Print Screen	记录当时的屏幕映像,将其复制到剪贴板中

键盘上的按键大多是电容式的。电容式键盘的优点是:击键声音小,无触点,不存在磨损和接触不良问题,寿命较长,手感好。

无线键盘采用蓝牙、红外线等无线通信技术,它与电脑主机之间没有直接的物理连线,而是通过无线电波或红外线将输入信息传送给计算机上安装的专用接收器,距离可达几米,因而操作使用比较灵活方便。

2. 鼠标器

鼠标器(mouse)简称鼠标,它能方便地控制屏幕上的鼠标箭头准确地定位在指定的位置处,并通过按键进行各种操作。它的外形轻巧,操纵自如,尾部有一条连接计算机的电缆,形似老鼠,故得名。由于价格低,操作简便,用途广泛,目前它已成为台式 PC 机必备的输入设备之一。

当用户移动鼠标器时,借助于机电或光学原理,鼠标移动的距离和方向将分别变换成脉冲信号输入计算机,计算机中运行的鼠标驱动程序把接收到的脉冲信号再转换成为鼠标器在水平方向和垂直方向的位移量,从而控制屏幕上鼠标箭头的运动。Windows 中鼠标箭头的常见形状及含义如表 2-6 所示。

表 2-6 Windows 中鼠标箭头的常见形状及含义

鼠标形状	含义	鼠标形状	含义
↖	标准选择	↕	调整窗口垂直大小
I	文字选择	↔	调整窗口水平大小
↖?	帮助选择	↘↖	窗口对角线调整
↖▨	后台操作	↙↗	窗口对角线调整
⌛	忙	✥	移动对象

鼠标器通常有两个按键，称为左键和右键，它们的按下和放开，均会以电信号形式传送给主机。至于按动按键后计算机做些什么，则由正在运行的软件决定。除了左键和右键之外，鼠标器中间还有一个滚轮，可以用来控制屏幕内容进行上、下移动，它与窗口右边框滚动条的功能一样。当你看一篇比较长的文章时，向后或向前转动滚轮，就能使窗口中的内容向上或向下移动。

鼠标器的结构经过了几次演变，现在流行的是光电鼠标。它使用一个微型镜头不断地拍摄鼠标器下方的图像，经过一个特殊的微处理器(数字信号处理器DSP)对图像颜色或纹理的变化进行分析，计算出鼠标器的移动方向和距离。光电鼠标器的工作速度快，准确性和灵敏度高(分辨率可达800dpi以上)，几乎没有机械磨损，很少需要维护，也不需要专用鼠标垫。除了玻璃、金属等光亮表面外，几乎在任何平面上均可操作。图2-13是光电鼠标的正面和底面的照片。

图2-13 光电鼠标器

鼠标器与主机的接口主要有两种：PS/2接口和USB接口。现在，使用蓝牙通信的无线鼠标也已逐步流行，作用距离有的可达10m。

与鼠标器作用类似的设备还有轨迹球、指点杆、触摸板、操纵杆和触摸屏等。

3. 触摸屏

现在，便携式数字设备如智能手机、电子书阅读器、GPS定位仪等以及博物馆、医院等公共场所的电子终端设备广泛使用触摸屏作为其输入设备。触摸屏兼有鼠标和键盘的功能，可以手写汉字和西文字母输入，深受用户欢迎。

触摸屏是在液晶面板上覆盖一层透明的触摸面板，它对压力很敏感，当手指或塑料笔尖施压其上时会有电流产生以确定压力源的位置，并可对其触摸位置进行跟踪，用以取代鼠标器。触摸面板附着在液晶屏上，不需要额外的物理空间，具有视觉对象与触觉对象完全一致的效果，实现无损耗、无噪声的控制操作。

智能手机现在流行使用"多点触摸屏"。与传统电阻型(压感式)的单点触摸屏不同，多点触摸屏大多基于电容传感器原理，可以同时感知屏幕上的多个触控点。用户除了能进行单击、双击、平移等操作之外，还可以使用双手(或多个手指)对指定的屏幕对象(如一幅图像、一个窗口等)进行缩放、旋转、滚动等控制操作。

除了上述键盘、鼠标器、触摸屏等人工输入字符和命令的设备之外，借助扫描仪、摄像头、话筒、读卡器等也可以向计算机/智能手机输入字符和命令，此类方法称为自动识别输入，特点是速度快、效率高，但技术更复杂一些。

2.5.2 图像输入设备

1. 扫描仪

扫描仪是将原稿(图片、照片、底片、书稿)的影像输入计算机的一种输入设备。按扫描仪的结构来分，扫描仪可分为手持式、平板式、胶片专用和滚筒式等几种。

手持式扫描仪工作时,操作人员用手拿着扫描仪在原稿上移动。它的扫描头比较窄,只适用于一行一行地扫描文字稿。

平板式扫描仪主要扫描反射式原稿,它的适用范围较广,单页纸可扫描,一本书也可逐页扫描。它的扫描速度、精度、质量比较好,已经在家用和办公自动化领域得到了广泛应用。

胶片扫描仪和滚筒式扫描仪都是高分辨率的专业扫描仪,它们在光源、色彩捕捉等方面均具有较高的技术性能,光学分辨率很高,这种扫描仪多数都应用于专业印刷排版领域。

扫描仪是基于光电转换原理而设计的,上述几种类型的扫描仪工作原理大体相同,只不过是结构和使用的感光器件不同而已。

扫描仪的主要性能指标包括:

(1) 扫描仪的光学分辨率。它反映了扫描仪扫描图像的清晰程度,用纵向和横向每英寸的取样点(像素)数目(dpi)来表示。

(2) 色彩位数(像素深度)。它反映了扫描仪对图像色彩的辨析能力,色彩位数越多,反映的色彩就越丰富,得到的数字图像效果也越真实。色彩位数可以是 24 位、36 位、42 位、48 位等,分别可表示 2^{24}、2^{36}、2^{42}、2^{48} 种不同的颜色。使用时可根据应用需要选择黑白、灰度或彩色工作模式,并设置灰度级数或色彩的位数。

(3) 扫描幅面。指允许被扫描原稿的最大尺寸,例如 A4,A3,A1,A0 等。

(4) 与主机的接口。办公或家用扫描仪大多采用 USB 接口与主机连接。

实际使用时,分辨率的设置、色彩类型和位数的选择、扫描窗口大小的设定等都会影响到输入图像的质量和数据量大小。

2. 数码相机

数码相机是另一种重要的图像输入设备。与传统照相机相比,数码相机不需要使用胶卷,能直接将照片以数字形式记录下来,并输入电脑进行存储、处理和显示,或通过打印机打印出来,或与电视机连接进行观看。

数码相机的镜头和快门与传统相机基本相同,不同之处是它不使用光敏卤化银胶片成像,而是将影像聚焦在成像芯片(CCD 或 CMOS)上,并由成像芯片转换成电信号,再经模数转换(A/D 转换)变成数字图像,经过必要的图像处理和数据压缩之后,存储在相机内部的闪速存储器中。其中成像芯片是数码相机的核心。

采用 CCD 芯片成像时,CCD 芯片中数以亿计的 CCD 像素(元件)排列成一个矩形成像区,每个 CCD 像素均可感测影像中的一个点,将其光信号转换为电信号。显然,CCD 像素越多,影像分解的点就越多,最终所得到的图像分辨率(清晰度)就越高,图像的质量也越好。所以,CCD 像素的数目是数码相机一个重要的性能指标。

例如:成像芯片的像素数目是数码相机的重要性能指标,它与可拍摄的图像分辨率直接相关。若某数码相机的像素约为 320 万,它所拍摄的图像的最高分辨率为_____。

  A. 1 280×960 B. 1 600×1 200 C. 2 048×1 536 D. 2 560×1 920

解:其中,2 048×1 536=3 145 728,最接近 320 万,所以选答案 C。

数码相机的存储器大多采用由闪速存储器组成的存储卡,如 MMC 卡、SD 卡、记忆棒等,即使关机也不会丢失信息。存储卡的容量和存取速度也很重要,在照片分辨率和质量要求相同的情况下,存储卡容量越大,可存储的照片就越多。

2.5.3 传感器

传感器(transducer/sensor)是一种检测装置,它能感知被测量的信息,并将其变换成电信号输入计算机,供计算机进行测量、转换、存储、显示或传输等处理。

以高端智能手机为例,除了前面已经介绍的触摸屏、摄像头、微型话筒之外,它还配置了其他多种传感器,以便自动采集设备自身和周边环境的信息。例如:

(1) 指纹传感器。自动采集用户指纹,实现对用户的身份认证。

(2) 环境光感应器。它能感知设备使用时周围环境的光线明暗,自动调整屏幕的显示亮度,这不仅可以节省能耗延长电池寿命,而且对保护眼睛也有利。

(3) 近距离传感器。通过红外线进行测距,当手机用户接听电话或者装进口袋时,传感器可以判断出手机贴近了人脸或衣服而关闭屏幕的触控功能,以防止误操作。

(4) 气压传感器。主要用于检测大气压,感知当前高度以及辅助 GPS 定位。

(5) 三轴陀螺仪。它能感知手机横竖纵三个方向的位置变化,自动调整屏幕以横向或者纵向进行显示。

(6) 重力传感器(加速度感应器)。它能感知用户晃动手机的速度、角度、方向和力量的大小,陀螺仪和加速度感应器在玩游戏时很有用。

(7) 磁力计(电子罗盘)。主要作用是电子指南针,辅助 GPS 定位等。

(8) 3D 触摸传感器。它嵌在液晶屏的背光层,可测量出用户触摸屏幕的力量大小。它与振动器结合,可向用户提供力反馈。

上述传感器大多以微型组件的形式安装在手机主板上,它们自动地不间断地进行工作,采集各种数据提供给手机。即使手机处于睡眠状态,运动协处理器也可以收集、处理和存储传感器的数据,这也是一些用于健康检测和运动跟踪的软件的工作基础。现在许多智能手机所采用的 SoC 芯片中,已经将运动协处理器集成在其中了。

2.6 常用输出设备

"输出(output)"表示把文本、语音、音乐、图像、动画等多种形式的信息送出计算机,负责完成输出任务的是输出设备。

2.6.1 显示器与显卡

显示器是计算机必不可少的一种图文输出设备,其作用是将数字信号转换为光信号,使文字与图形在屏幕上显示出来。没有显示器,用户便无法了解计算机的处理结果和所处的工作状态,也无法进行操作。

计算机显示器通常由两部分组成：显示器和显示控制器。显示器是一个独立设备；显示控制器在计算机中做成扩充卡的形式，所以叫作显示卡（独立显卡）。现在，为了降低成本，显示控制功能已经越来越多地集成在 CPU 芯片中，除了某些要求较高的应用之外，一般不再需要独立的显卡。

1. 液晶显示器

计算机使用的显示器主要有两类：CRT 显示器和液晶显示器（LCD）。

CRT 显示器由于笨重、耗电，还有辐射，现在几乎全部被液晶显示器所取代，只有很少数台式 PC 还在使用。

与 CRT 显示器相比，LCD 具有工作电压低，辐射危害小，功耗少，不闪烁，适用于大规模集成电路驱动，体量轻薄，易于实现大画面显示等特点，现在已经广泛应用于计算机、手机、数码相机、数码摄像机、电视机等设备。

现在一些台式机和笔记本电脑仍在使用传统的软液晶屏，而智能手机则已进入了 IPS 硬屏时代。IPS 液晶屏不会因触摸而出现水纹，也不因外力按压而引起色差变化，响应速度快，功耗也低，因而成为触摸屏的首选。

除了电脑专用的 LCD 显示器之外，现在液晶电视机也可作为电脑和手机的外接显示器使用。通过电脑的 VGA、DVI 或者 HDMI 接口与电视机进行连接，或者通过无线局域网（WiFi）借助 DLNA 技术，就可将电脑或智能手机的图像和声音传输至电视机和投影机。

下面是关于 LCD 显示器的一些主要性能参数。

（1）显示屏的尺寸。与电视机相同，计算机显示器屏幕大小也以显示屏的对角线长度来度量。传统显示屏的宽度与高度之比一般为 4∶3，现在多数液晶显示器的宽高比为 16∶9 或 16∶10，它与人眼视野区域的形状更为相符。

（2）显示器的分辨率。分辨率是衡量显示器的一个重要指标，它表示整屏最多可显示像素的多少，一般用水平分辨率×垂直分辨率来表示，例如 1 024×768、1 280×1 024、1 440×900、1 920×1 080、1 920×1 200 等。现在有一些所谓"2K/3K/4K"的显示器（或电视机），其中几 K 就是指水平分辨率达到或者接近 1 024 的几倍。

（3）刷新速率。刷新速率指所显示的图像每秒钟更新的次数。理论上刷新频率越高图像的稳定性越好，不会产生闪烁和抖动。PC 显示器和手机屏幕的刷新速率一般在 60Hz 左右。

（4）响应时间。响应时间反映了 LCD 像素点对输入信号反应的速度，即由暗转亮或由亮转暗的速度。

（5）色彩、亮度和对比度。液晶本身并不能发光，因此背光的亮度决定了它的画面亮度。一般而言，亮度越高，显示的色彩就越鲜艳，效果也越好。对比度是最亮区域与最暗区域之间亮度的比值，对比度小时图像容易产生模糊的感觉。

（6）背光源类型。LCD 显示器采用透射显示，其背光源主要有荧光灯管和白色发光二极管（LED）两种，现在大多使用 LED 背光，它在显示效果、节能、环保等方面均优于荧光灯管，显示屏幕也更为轻薄。

(7) 辐射和环保。显示器工作时会产生一定的电磁辐射，可能导致信息泄漏，影响信息安全。因此，显示器必须达到国家显示器能效标准和通过 MPR Ⅱ 和 TCO 认证（电磁辐射标准），以节约能源、保证人体安全和防止信息泄漏。

2. 显示卡（显示控制器）

计算机的显示控制器过去多半做成插卡的形式，它与显示器、CPU 及 RAM 的相互关系如图 2-14 所示。

图 2-14 显示器、显示卡、CPU 及 RAM 的关系

显示卡主要由显示控制电路、图形处理器（GPU）、显示存储器和接口电路四个部分组成。显示控制电路负责对显示卡的操作进行控制，包括对液晶显示器进行控制，如光栅扫描、同步、画面刷新等。主机接口电路负责显示卡与 CPU 和内存的数据传输。由于经常需要将内存中的图像数据成批地传送到显示存储器，因此相互间的连接方法和数据传输速度十分重要。现在的显卡一般都采用 PCI-E×16 高速接口。

显卡生成的图像要送到 LCD 或电视机屏幕显示，那就离不开显卡的输出接口。最常见的输出接口是 VGA 接口，它把显卡转换后的 R、G、B 三基色模拟信号输出到 LCD 显示器或液晶电视机进行显示。另一种 DVI 接口是全数字的视频接口，它直接将显卡产生的数字视频信号传输给显示器，与 VGA 接口相比，避免了信号转换时的失真，确保了图像质量。

为了传输高清晰度或超高清晰度视频信号，许多显卡还配置了 HDMI 接口。HDMI 接口既传送数字图像信号，也同时传送多声道数字音频信号，目前已广泛使用于电视机、机顶盒、DVD 播放机、数字音响设备、游戏机、PC 电脑等。HDMI 接口使用的连接器共 19 针，它有几种不同大小。A 型（标准型）普遍使用于电视机和机顶盒，C 型（mini 型）适合便携设备，D 型（micro 型）则用于智能手机和平板电脑。

HDMI 数据线（电缆）质量对高清视频的传输有较大影响，传输距离也不宜过长。此外，千万不要热插拔，否则很容易将 HDMI 接口的芯片烧毁。

独立显卡中有高性能的图形处理器（GPU）负责高速图像处理和图形绘制，还配置了专门的显示存储器。集成显卡中的 GPU 包含在 CPU 芯片中，显示存储器则与主存储器合二为一，因而性能与独立显卡有明显差距。智能手机使用的也是集成显卡，其 GPU 和 CPU 一起集成在 SoC 芯片中。

2.6.2 打印机

打印机也是一种主要输出设备,它能把程序、数据、字符、图形打印在纸上。目前使用较广的打印机有针式打印机、激光打印机和喷墨打印机三种。

1. 针式打印机

针式打印机是一种击打式打印机,它的工作原理主要体现在打印头上。打印头安装了若干根钢针,有9针、16针和24针等几种。

针式打印机的打印质量不高、工作噪声大,现已被淘汰出办公和家用打印机市场。但它使用的耗材成本低,能多层套打,特别是平推打印机,因其独特的平推式进纸技术,在打印存折和票据方面,具有其他种类打印机所不具有的优势,在银行、税务、证券、邮电、商业等领域中还在继续使用。

另一种击打式打印机是热敏打印机,它的结构与针式打印机相仿,但打印原理不同。它在打印头上以行、列或矩阵的形式安装有半导体加热元件,使用的热敏打印纸上则覆盖了一层涂有热敏材料的透明膜。打印时打印头有选择地在热敏纸的一些位置上加热,热敏材料经高温加热的地方瞬间变成黑色(也可以是蓝色或其他颜色),从而在纸上产生文字、符号和图形。

热敏打印技术最早使用在传真机上。由于打印速度快、噪音低,打印清晰,使用方便,热敏打印机目前在超市 POS 机、ATM 柜员机、医疗仪器中得到广泛应用。

2. 激光打印机

激光打印机是激光技术与复印技术相结合的产物,它是一种非击打式输出设备,具有高质量、高速度、低噪声等优点。

激光打印机由激光器、旋转反射镜、聚焦透镜和感光鼓等部分组成。由于激光能聚焦成很细的光点,炭粉又很细,因此激光打印机的分辨率较高,印刷质量相当好。

激光打印机分为黑白和彩色两种,其中低速黑白激光打印机已经普及,而彩色激光打印机的价格还比较高,适合专业用户使用。

激光打印机与主机的接口过去以并行接口为主,现在大多已改用 USB 接口。

3. 喷墨打印机

喷墨打印机也是一种非击打式输出设备,它的优点是能输出彩色图像,经济,低噪音,打印效果好,使用低电压不产生臭氧,有利于保护办公室环境。在彩色图像输出设备中,喷墨打印机已占绝对优势。

喷墨打印机所使用的耗材是墨水,理想的墨水应不损伤喷头,能快干但又不在喷嘴处结块,防水性好,不在纸张表面扩散或产生毛细渗透现象,在普通纸张上打印效果要好,不因纸张种类不同而产生色彩偏移现象,黑色要纯,色彩要艳,图像不会因日晒或久置而褪色,墨水应无毒、不污染环境、不影响纸张再生使用等。由于有上述许多要求,墨水成本高,而且消耗快,这是喷墨打印机的不足之处。

4. 打印机的性能指标

(1) 打印精度。打印精度也就是打印机的分辨率,它用 dpi(每英寸可打印的点数)来表示,是衡量图像清晰程度最重要的指标。300dpi 是人眼分辨文本与图形边缘是否有锯齿的临界点,再考虑到其他一些因素,因此 360dpi 以上的打印效果才能基本令人满意。针式打印机的分辨率一般只有 180dpi,激光打印机的分辨率最低是 300dpi,有的产品为 400dpi、600dpi、800dpi,甚至达到 1 200dpi。喷墨打印机分辨率一般可达 300～360dpi,高的能达到 1 000dpi 以上。

(2) 打印速度。针式打印机的打印速度通常使用每秒可打印的字符个数或行数来度量。激光打印机和喷墨打印机是一种页式打印机,它们的速度单位是每分钟打印多少页纸(PPM),家庭用的低速打印机大约为 4PPM,办公使用的高速激光打印机速度可达到 10PPM 以上。

(3) 色彩表现能力。这是指打印机可打印的不同颜色的总数。对于喷墨打印机来说,最初只使用 3 色墨盒,色彩效果不佳。后来改用青、黄、品红、黑(称为 CMYK) 4 色墨盒,虽然有很大改善,但与专业要求相比还是不太理想。于是又加上了淡青和淡洋红两种颜色,以改善浅色区域的效果,从而使喷墨打印机的输出有着更细致入微的色彩表现能力。

(4) 其他。包括打印成本、噪音、可打印幅面大小、功耗及节能指标、可打印的拷贝数目、与主机的接口类型等。

5. 3D 打印机

3D 打印机不是在纸上打印平面图形,而是打印生成三维的实体。与传统的减材制造(切削、钻孔等)工艺相反,这是一种"增材制造"过程。

3D 打印有几种不同的技术,一种是熔融沉积技术,运用粉末状金属或塑料等可黏合材料,通过逐层堆叠的方式来构造物体。另一种是选择性激光烧结技术,该技术利用粉末材料打印成型,打印机先在铺设好的打印层上扫描出零件截面,然后用高强度的激光器将材料粉末烧结在一起,得到坚硬成型的零件。还有一种类似于立体平版印刷技术,它与选择性激光烧结技术相似,但使用的材料是液态树脂。

3D 打印不仅能生产栩栩如生的工艺玩具,还能制造出复杂的机械零件、假牙、假肢和仿生耳等。3D 打印技术的关键是使用的材料,理论上塑料、金属、陶瓷、沙子等材料经过特殊处理都可以用来做打印的"墨水(粉)",这方面的研究和开发应用已经受到人们的密切关注。

自 测 题 2

1. 计算机的性能与 CPU 的工作频率密切相关,因此 CPU 主频为 3GHz 的计算机比另一台 CPU 主频为 1.5GHz 的计算机在完成相同任务时速度快 1 倍。

2. 计算机运行程序时,CPU 所执行的指令和处理的数据都直接从磁盘中取出,处理结果也直接存入磁盘。

3. 内存储器在计算机内部,辅助存储器在计算机外部。

4. RAM 代表随机存取存储器,ROM 代表只读存储器,关机后前者所存储的信息会丢失,后者则不会。

5. 计算机硬件在逻辑上主要由 CPU、内存储器、辅助存储器、输入/输出设备与_____等五类主要部件组成。

6. 扫描仪是将图片、照片或文稿输入到计算机的一种输入设备,工作过程主要基于光电转换原理,其用于光电转换的电子器件大多是_____。

7. 显示器所显示的信息每秒钟更新的次数称为_____。

8. 鼠标器、打印机和扫描仪等设备都有一个重要的性能指标,即分辨率,其含义是每英寸的像素(点)数目,简写成 3 个英文字母为_____。

9. 设内存储器的容量为 1MB,若首地址的十六进制表示为 00000,则末地址的十六进制表示为_____。

10. 独立显卡具有很强的图形绘制功能,它能加快图形绘制速度,减轻 CPU 的负担。其中关键是因为显卡上配置有专门的_____处理器和专用的显示存储器。

11. 下面关于微处理器的叙述中,不正确的是_____。
   A. 微处理器通常以单片集成电路制成
   B. 它具有运算和控制功能,但不具备数据存储功能
   C. 目前 PC 中使用最广泛的 CPU 是 Intel 公司 Core(酷睿)系列微处理器
   D. 当前智能手机中的 CPU 大多采用英国 ARM 公司的 ARM 处理器架构

12. 下面关于 PC 中 CPU 的叙述错误的是_____。
   A. 为了暂存中间运算结果,CPU 中包含几十个甚至上百个寄存器,用来临时存放数据
   B. CPU 是 PC 中不可缺少的组成部分,它担负着运行系统软件和应用软件的任务
   C. 所有 PC 的 CPLU 都具有相同的指令系统
   D. PC 中至少有 1 个 CPU 芯片,其中包含 1 个或多个 CPU 核

13. 下面是关于计算机内存储器的一些叙述:①内存储器由 DRAM 芯片或 NAND 闪存芯片组成;②CPU 可按字节地址随机存取内存储器的内容;③目前市场上销售的 PC 其内存容量多数已达 1GB 以上;④台式 PC 内存容量一般可扩充,手机内存容量一般不可扩充。其中正确的是_____。
   A. ①③　　　　B. ①②③　　　　C. ①④　　　　D. ②③④

14. CPU 的运算速度与许多因素有关,下面_____是提高运算速度的有效措施。
   ① 增加 CPU 中寄存器的数目;② 提高 CPU 的主频;③ 增加高速缓存(cache)的容量;④ 改进芯片组的设计。
   A. ①③　　　　B. ①②③　　　　C. ①④　　　　D. ②③④

15. 在 PC 中,SATA(串行 ATA)接口主要用于_____。
   A. 打印机与主机的连接　　　　C. 图形卡与主机的连接
   B. 显示器与主机的连接　　　　D. 硬盘与主机的连接

16. 下面是关于目前流行的台式计算机主板的叙述:① 主板上通常包含 CPU 插座和

芯片组;② 主板上通常包含存储器(内存条)插座;③ 主板上通常包含 PCI 或 PCI－E 总线插座;④ 主板上的 SATA 连接器用于连接硬盘和光盘。其中正确的是＿＿＿＿。

  A. ①③　　　　B. ①②③　　　　C. ①④　　　　D. ①②③④

17. 下面关于 USB 接口的叙述中,错误的是＿＿＿＿。

  A. USB 3.0 的数据传输速度要比 USB 2.0 快得多

  B. USB 具有热插拔和即插即用功能

  C. 主机不能通过 USB 连接器向外围设备供电

  D. USB 连接器有多种不同的形状和大小

18. 下面＿＿＿＿设备不属于计算机的输入设备。

  A. 麦克风　　　B. 摄像头　　　C. 指示灯　　　D. 传感器

19. 数码相机中 CCD 或 CMOS 芯片的像素数目与图像分辨率密切相关。假设一个数码相机的像素数目为 200 万,则它所拍摄的数字图像能达到的最大分辨率为＿＿＿＿。

  A. 800×600　　B. 1 024×768　　C. 1 280×1 024　　D. 1 600×1 200

20. 显示器是 PC 机不可缺少的一种输出设备,通过显卡控制其工作,在下面有关显卡的叙述中,正确的是＿＿＿＿。

  A. 显卡与液晶显示器的连接大多采用 PCI－E 接口

  B. 目前显卡可支持的分辨率大多达到 1 024×768,但可显示的颜色数目还不超过 65 536 种

  C. 显示屏上显示的信息预先都被保存在显示存储器中,在显卡的控制下一帧一帧地送到屏幕上进行显示

  D. 独立显卡与主机的接口大多是 USB 2.0

延 展 阅 读

一、微处理器的发展与应用

  20 世纪 70 年代的微处理器,其运算器和寄存器宽度仅为 4 位或 8 位。当时影响颇大的美国苹果公司的 Apple－Ⅱ微型计算机,其 CPU 采用的是主频为 1MHz 的 8 位微处理器。

  80 年代出现了 16 位微处理器,代表产品是 Intel 公司的 8086。1982 年美国 IBM 公司研制的 IBM PC 个人计算机采用 8086 作为 CPU,这是国际上第一次提出个人计算机的概念。它强调了这种计算机属于个人专用,而非多个用户共享使用。

  20 世纪 80 年代末、90 年代初出现了 32 位微处理器,如 Intel 公司的 80386 和 80486 微处理器。以 80386、80486 为 CPU 的 PC 电脑,开始采用具有图形用户界面的 Windows 操作系统,可执行多任务处理。由 PC 组成的局域网开始推广,个人计算机的应用进入办公和商业领域。

1993年Intel公司研制成Pentium(奔腾)微处理器,它在单个芯片上集成了310万个晶体管,使用273个引脚的封装,主频达100MHz,运算速度已超过100MIPS(MIPS表示每秒钟可完成100万次整数运算),性能开始超过60年代的大型计算机。

此后微处理器继续发展,Intel公司先后推出了Pentium Pro(高能奔腾)以及Pentium Ⅱ、Pentium Ⅲ和Pentium 4微处理器。它们的时钟频率已达GHz水平,不但能高速处理数值和文字信息,而且适合三维图形显示、音频视频信号处理和网络计算等多方面的应用。有些高档的CPU甚至还扩充了64位整数处理功能,把内存地址空间扩大到2^{64}。

进入21世纪后,随着CPU芯片复杂度的增加和工作频率的提高,芯片的功耗和散热问题就成为制约CPU性能进一步提高的瓶颈。而集成电路制造工艺和封装水平的发展,允许在一个集成电路芯片中包含更多的晶体管电路。因此人们不再把提高主频作为改善微处理器性能的研发重心,而是考虑在一个芯片中集成2个或多个CPU核,让多个CPU同时进行工作,通过并行处理技术来提高系统的性能,从而出现了双核和多核的处理器芯片。现在PC电脑、智能手机、服务器和巨型计算机等使用的CPU芯片都是多核微处理器。

表2-7是40多年来Intel公司有代表性的微处理器芯片技术参数的比较,从中可见微处理器技术的发展过程。

表2-7 Intel公司微处理器主要技术参数比较

主要参数 \ 处理器	8086	80386	奔腾 Ⅰ～Ⅲ	奔腾4	酷睿2 (双核)	Core i7-980x (6核)	Core i7-5960X (8核)	Core i9-7980XE (18核)
推出时间(年)	1978	1985	1993～1998	2000～2008	2006～2011	2010	2014	2017
主频(MHz)	4.77～10	16～33	60～333	1500～3800	1060～3500	3330	3500	2600
前端总线频率(MHz)	4.77～10	16～33	50～66	400～1066	800～1600	DDR3-1066 (3通道)	DDR4-2133 (4通道)	DDR4-2666 (4通道)
外部数据线数目	16	32	64	64	64	64	64	64
最大物理内存	1MB	4GB	4GB,地址线36	地址线36	地址线36	24GB	64GB	128GB
内核数目	1	1	1	1	2	6	8	18
晶体管数目(万)	2.9	27.5	310～750	4200	29 100～41 000	117 000	260 000	不详
芯片引脚数目	40	132	273,296或242	478或775	775	1366	2011	2066

二、智能手机

1. 发展概述

手机是移动电话的简称,它是个人移动通信系统的终端设备。按照移动通信网的技术划分,手机相应地也分为 1G 手机(俗称"大哥大",模拟手机)、2G 手机(GSM 或 CDMA 手机)、3G 手机(分 3 种制式)和 4G 手机(分 TDD - LTE 和 FDD - LTE);如果按照手机的功能划分,则可分为笨手机(dumb phone)、功能手机(feature phone)和智能手机(smart phone)三大类,笨手机只能用来打电话,很少有其他功能。功能手机除了通话功能之外,还具有收发短信、通讯录、计算器、收音、录音、日历与时钟、简单游戏、手电筒等功能,有些还可以拍照、播放 MP3、看电子书等。智能手机的功能比功能手机更加丰富多样,它可以像 PC 个人电脑一样下载安装第三方软件,不断扩充功能。而功能手机一般不能随意安装和卸载软件。

智能手机可以认为是:电话＋电脑＋数码相机＋电子书＋音视频播放器＋导航仪＋……,它既是手机,又是电脑,又是相机,还是身份证和钱包。一般认为,智能手机有如下一些技术特点:

(1) 具有无线接入移动电话网和互联网的能力。
(2) 具有功能强大的通用操作系统,操作方便,使用效率高。
(3) 安装了丰富的应用软件,与通用计算机保持数据兼容。
(4) 扩展性好,可以方便地安装、卸载、升级和更新各种软件。
(5) 具有文字、图像,音频、视频处理的多媒体信息处理功能。

实际上,智能手机就是一台可以随身携带的真正的个人电脑,与台式 PC 相比,除了屏幕较小,不带键盘和没有大容量硬盘以外,其他如 CPU 速度、内存容量等已经相差不多。不仅如此,智能手机还有许多传统 PC 所不具备的能力,如 3G/4G 移动通信、环境感知、位置服务等。

2. 典型智能手机的技术参数

表 2-8 是 2017、2018 年市场上三种高端智能手机的主要技术参数,其中一些术语的含义可在教材有关章节找到解释。

表 2-8 3 种智能手机的主要技术参数

手机型号	华为 P20 Pro	iPhone X	小米 MIX 2s
发布时间	2018.4	2017.11	2018.3
操作系统	华为 EMUI 8.1（兼容 Android 8.1）	iOS11.0.1	MIUI9(Android)
SoC 芯片	麒麟 970	Apple A11 Bionic	高通 骁龙 845
内存容量	6 GB LPDDR4X	3 GB LPDDR4X	8 GB LPDDR4X
辅助存储器	64/128/256GB	64/256GB	256GB(UFS)

(续表)

手机型号		华为 P20 Pro	iPhone X	小米 MIX 2s
液晶屏	尺寸	6.1英寸全面屏	5.8英寸全面屏,三维触控	5.99英寸全面屏
	分辨率	2 240×1 080(OLED)	2 436×1 125(OLED)	2 160×1 080(OLED)
WiFi版		802.11 a/b/g/n/ac,双频	802.11a/b/g/n/ac	802.11 a/b/g/n/ad,双频
蓝牙		BT4.2,支持 BLE	蓝牙 5.0	蓝牙 5.0
NFC		NFC	NFC	NFC
移动通信		4G 全网通+3G/2G 双卡双待单通	4G 全网通+3G/2GVoLTE	4G 全网通+3G/2GVoLTE
定位功能		GPS、Glonass、北斗、Galileo	AGPS、Glonass、Galileo QZSSi、Beacon 微定位	GPS、AGPS、Glonass、北斗、Galileo
环境传感器		重力和光线感应器、接近传感器、霍尔传感器、陀螺仪、色温传感器、指南针	气压计、三轴陀螺仪、加速感应器、距离感应器、环境光传感器	距离传感器、陀螺仪、电子罗盘、加速传感器、霍尔传感器、环境光传感器、气压计
摄像头	后置	①4 000 万像素(f/1.8) 4K 视频;720p@60fps ②2 000 万像素(f/1.6) ③800 万像素(f/2.4) 3 倍光学/5 倍混合变焦	①1 200 万像素(f/1.8) 4K 视频(60fps) 1 080p(30fps) ②1 200 万像素(f/2.4) 2 倍光学/10 倍数码变焦	双 1 200 万像素(f/1.8+f/2.4)4K 视频 (3 840×2 160),30fps 1 080p,30fps
	前置	2 400 万像素,f/2.0	700 万像素,f/2.2,1080p 视频(30fps)	500 万像素 1 080p 视频通话
安全功能		指纹识别(360 度)	面容(人脸)识别	指纹+人脸识别
接口		USB 3.1,OTG 功能 数据线接口:Type-C	闪电接口	USB 3.1,OTG 功能 数据线接口:Type-C
电池容量和类型		4 000mAh 锂聚合物电池	2 716mAh 可无线充电	3 400mAh 可无线充电
重量(克)		180	174	189

3. 智能手机硬件分析

智能手机对硬件的要求很高。例如,需要使用高速度、低功耗,具有多媒体信息处理能力的 32/64 位 CPU 芯片;需要有容量较大的内存和辅助存储器;需要有分辨率高、面积较大的触摸式显示屏;需要有多种无线通信和联网功能;还需要配备大容量电池等。

以苹果公司的 iPhone 6s/6s Plus 手机为例,整个硬件系统的核心是 2 块 SoC 芯片,一块是高通公司的基带处理器(baseband processor),它负责音频信号的 A/D 和 D/A 转换,在信号发送时把音频信号压缩编码成供发射的基带信号;接收时把收到的基带信号解码为音频信号。同时,它也负责地址信息(手机号、网站地址)、文字信息(短信文字、网站文字)、图片和视频信息的编/解码;三个射频信号收发器负责调制/解调、信道编/解码等功能。另一块 SoC 芯片是苹果公司设计、三星电子代工生产的片上系统 Apple A9，它以主频为 1.85GHz 的双核 Twister CPU（ARMv8－A 架构）为中心，负责运行 iOS 操作系统和各种应用程序（App），对整个手机进行控制和管理，该芯片还包括图形处理器（GPU）、图像处理器、音频处理器、定时控制、电源管理和多种 I/O 接口电路等模块。

图 2-15 是 iPhone 6s 手机拆解之后主板（10 层印制电路板）的照片，上面是朝向显示屏的一面，下面是它的背面，仅供参考。为了节省空间，2GB 容量的 LPDDR4 内存芯片与 A9 SoC 芯片相互叠在一起，这种技术称为堆叠式封装（Package on Package，PoP）。

华为 Mate 10 等其他智能手机的结构与图 2-15 相仿，不同的是，苹果手机使用了两块 SoC 芯片，其中一块是 Apple A9，另一块是高通公司用于移动通信的 SoC；而华为 Mate 10 只使用了 1 块 SoC，因为华为自行设计的移动通信模块与 CPU、GPU 等都集成在同一 SoC 芯片中，这不仅缩小了主板体积，也有助于节省功耗。

图 2-15 iPhone 6s 手机的主板和 IC 芯片

第3章 计算机软件

计算机系统由硬件和软件两部分组成,如图3-1所示。硬件通过二进制工作,功能简单,速度快;软件则控制硬件的运行过程,完成各种任务。

图3-1 计算机系统的组成

3.1 概 述

3.1.1 什么是计算机软件

1. 程序

程序是告诉计算机做什么和如何做的一组指令(语句),这些指令都是计算机能够理解和执行的。

2. 数据

计算机中程序所处理的对象和处理后所得到的结果,通称为数据。

3. 文档

文档是用自然语言编写的文字资料和图表等,用于描述程序的内容、组成、设计、功能、开发情况、测试结果及使用方法,如程序设计说明书、使用指南、用户手册等。

4. 软件

一般情况下,软件指的是设计比较成熟、功能比较完善并具有某种使用价值的程序。

人们把程序,以及与程序相关的数据和文档统称为软件。其中,程序是软件的主体,单独的数据或文档一般不认为是软件。

软件是智力活动的成果,受到版权(知识产权)法的保护,用户购买的软件只有使用权,未经授权的拷贝和分发都是盗版行为。

3.1.2 计算机软件的特性

1. 不可见性

软件是用二进制形式保存在存储器上的,无法直接看到其本身的形态,必须通过使用才能了解其功能及性能。

2. 依附性

软件的运行要依附于一定的硬件、软件和网络环境,没有适当的环境就不能正常运行。

3. 复杂性

软件的规模越来越大、结构越来越复杂、开发成本越来越高,一般都由软件公司组织专门的人员,按照软件工程的方法进行开发和测试。

4. 易复制性

软件是以电、磁、光等形式存储和传输的,可以很容易且毫无失真地进行复制,所以盗版行为很难根除。

5. 不断演变性

由于计算机技术发展很快,用户需求又会不断发展和变化,所以软件投入使用后还需要更新和版本升级。

6. 有限责任

软件厂商无法承诺任何情况下软件都能正常运行,有些厂商会要求用户在使用软件之前接受免责协议。

7. 脆弱性

软件的设计和实现中必然存在漏洞,也很容易遭受攻击、篡改和破坏,这给系统的安全和软件的可靠运行带来了威胁。

3.1.3 计算机软件的分类

1. 系统软件和应用软件

从应用的角度出发可以将计算机软件大致分为系统软件和应用软件两大类。

1) 系统软件

系统软件泛指为整个计算机系统所配置的、不针对特定应用的通用软件,是为软件开发和运行提供支持,或者为用户管理与操作计算机提供支持的一类软件。

系统软件主要包括:基本输入/输出系统(BIOS)、操作系统(如 Windows、iOS)、程序设计语言处理系统(如 C 语言编译器)、数据库管理系统(如 ORACLE、SQL Server、Access 等)、常用的实用程序(如磁盘清理程序、备份程序)。

2) 应用软件

应用软件即 App,是为用户解决各种具体问题、完成特定任务的专门软件。按照开发方式和适用范围,应用软件又分为通用应用软件和定制应用软件两大类。

(1) 通用应用软件

通用应用软件的应用范围十分广泛,几乎人人都需要使用。常用的有文字处理软件、电子表格软件、演示软件、图像处理软件、网页浏览软件、多媒体播放软件等,如表 3-1 所示。

表 3-1 常用的通用应用软件

类 别	功 能	流行软件举例
文字处理软件	文本编辑、文字处理、桌面排版等	Word、Adobe Acrobat、Wps、FrontPage 等
电子表格软件	表格定义、数值计算和统计、绘图等	Excel 等
图形图像软件	图像处理、几何图形绘制、动画制作等	AutoCAD、Photoshop、CorelDraw、3DS MAX 等
媒体播放软件	播放各种数字音频和视频文件	Media Player、Real Player、Winamp 等
网络通信软件	电子邮件、聊天、IP 电话等	Outlook Express、MSN、QQ、ICQ 等
演示软件	投影片制作等	PowerPoint 等
信息检索软件	在数据库和因特网中查找需要的信息	Google、天网、百度等
个人信息管理软件	记事本、日程安排、通讯录、邮件	Outlook、Lotus Notes
游戏软件	游戏、教育和娱乐	棋类游戏、扑克游戏等

(2) 定制应用软件

定制应用软件是针对用户的特定需求而专门开发设计的,专用性强、设计和开发成本高,主要是机构用户购买使用。

2. 商品软件、共享软件、自由软件和免费软件

按照软件权益的处置方式,软件可以分为商品软件、共享软件、自由软件和免费软件。

1) 商品软件

商品软件需要用户付费才能得到使用权。版权法规定,用户将一个软件复制到多台计算机去使用是非法的。若要多个用户或多台计算机使用同一个软件,则需要购买多用户许可证。

2) 共享软件

共享软件其实是一种销售策略,允许用户在购买前先免费试用一段时间。

3) 自由软件

自由软件的创始人理查德·斯托曼(Richard Stallman)创建了自由软件基金会(FSF),拟定了通用公共许可证(GPL),倡导软件的"非版权"原则。在其协议规定下,用户可以共享软件,可以随意复制和修改软件的源代码,允许销售和自由传播。但是,对软件源代码的任何修改都必须向所有用户公开,还必须允许以后的用户享有复制和修改的自由。

自由软件有利于软件共享和技术创新,我们日常使用的 TCP/IP 协议、Mozilla Firefox(火狐)浏览器、Android 操作系统等都是自由软件。

4) 免费软件

免费软件是可以免费使用的软件,但是用户没有修改和销售的权利,其源代码一般也不公开。大多数自由软件都是免费的,但是免费软件并不一定是自由软件。

3.2 操作系统

操作系统(operating system,简称 OS)是直接运行在"裸机"上的最基本、最重要的系统软件,是许多程序模块的集合。操作系统负责管理和控制计算机软硬件资源,科学安排计算机的工作流程,控制和支持应用软件的运行,提供各种形式的用户界面,确保整个计算机系统高效有序安全地运行。

3.2.1 概述

1. 操作系统的作用

操作系统主要有三个重要作用,如图 3-2 所示。

(1) 管理和分配计算机系统中的各种软硬件资源,提高系统资源的使用效率。操作系统的资源管理主要包括处理器管理、存储管理、文件管理、I/O 设备管理等几个方面。

(2) 为用户提供友好的人机界面。现在操作系统普遍采用图形用户界面(graphical user interface,简称 GUI)来方便用户与计算机之间的通信,它以矩形窗口的形式显示正在运行的各个程序,以图标来形象地表示系统中的文件、程序、设备等对象。用户可以通过鼠标或触摸屏控制光标移动,用点击菜单或图标的方式启动命令,减少了记忆操作指令的麻烦。

图 3-2 操作系统的重要作用

(3) 为应用程序的开发和运行提供高效的平台。操作系统屏蔽了几乎所有物理设备的物理特性和技术细节,以规范而高效的方式向应用程序提供支持。

此外,操作系统还有处理软硬件错误、监控系统性能、保护系统安全等作用。总之,有了操作系统,计算机才能成为一个高效、可靠、通用的信息处理系统。

2. 操作系统的启动

安装好的操作系统大多驻留在硬盘或 NAND 闪存等辅助存储器中。一般来说,操作系统的启动分为四个步骤。

（1）启动计算机时，CPU 首先执行 BIOS 中的加电自检（POST）程序，测试计算机主要部件的工作状态是否正常。如果没有异常情况，CPU 将继续执行下一步的系统自举程序。此时如果用户按下某一热键（如【Del】键或【F1】【F2】【F8】键，各种 BIOS 的规定不同），就可以启动 BIOS 中的 CMOS 设置程序，对系统的参数进行修改。

（2）CPU 执行 BIOS 中的系统自举（引导装入）程序，按照 CMOS 中设置好的启动顺序，依次搜索计算机的辅助存储器。当找到需要启动的操作系统所在的辅存，就将其第一个扇区的内容（主引导记录）读入内存。

（3）主引导记录中的加载程序将操作系统的核心程序装入内存。

（4）操作系统的核心加载进内存后，整个计算机就处于操作系统的控制下，用户可以正常使用计算机了。

3.2.2 多任务处理与处理器管理

1. 多任务处理

为提高 CPU 的利用率，操作系统总是同时处理多个任务，例如编写文档、播放音乐、下载文件等，每个任务都会对应某个程序。借助于任务管理，用户可以了解系统中有哪些任务正在运行、处于什么状态、CPU 使用率等信息。同时按下快捷键【Ctrl＋Alt＋Delete】或【Ctrl＋Shift＋Esc】可以弹出 Windows 任务管理器。

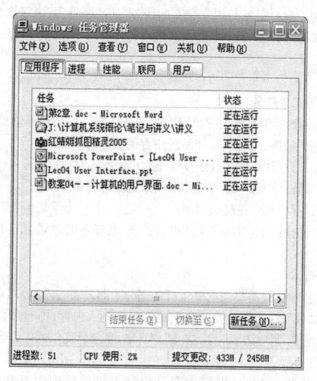

图 3-3 Windows 任务管理器

每启动一个应用程序，操作系统就会打开一个相应的窗口，同时会在任务栏上显示一个相应的任务按钮,通常一个窗口/按钮就是一个任务。窗口可以放大或缩小,甚至可以"最小化",但任务的运行不受其影响。

1) 前台任务

正在接受用户输入(击键或按击鼠标)的窗口所对应的任务,也被称为活动窗口。该窗口位于其他窗口的前面,其标题栏的颜色比非活动窗口更深。Windows 中前台任务只能有 1 个。

2) 后台任务

除前台任务外,所有其他任务均为后台任务,对应的窗口就是非活动窗口。后台任务虽然暂时未与用户进行交互,但仍然在计算机中运行,也能够得到 CPU 的响应,并能及时更新其内容。Windows 中后台任务的数目原理上可以不受限制。

2. 处理器管理

Windows 操作系统采用并发多任务方式支持系统中多个任务的执行,前台任务和后台任务都能分配到 CPU 的使用权。需要注意的是,多任务宏观上是同时执行,而微观上任意时刻只有一个任务正在被 CPU 执行。操作系统中的处理器调度程序会把 CPU 的时间分配给各个任务,一般采用时间片轮转(比如 1/20 秒)的策略,即每个任务都能轮流得到 0.05 秒的 CPU 时间。当时间用完之后,任务就会被强行暂停直至下一次得到 CPU 使用权,而调度程序则把 CPU 交给下一个任务,依次轮转。

如果同时启动了多个需要与用户交互的任务(如文字处理、电子表格、图像处理等),这些任务即使处在后台状态,也会不断查询用户有无输入,从而使 CPU 效率降低。

3.2.3 存储管理

1. 存储管理的主要任务

即使现在 PC 和智能手机的内存已经增大到几个 GB,但仍然不能保证有足够的空间来满足多任务处理的需要。因此,操作系统中存储管理的任务是:

(1) 为每个任务分配内存空间,任务终止后再回收内存空间;

(2) 对内存空间进行保护,避免被其他任务随意访问和修改;

(3) 提供内存空间共享,提高利用率;

(4) 采用虚拟存储技术,对内存空间进行扩充,使任务的存储空间不受实际物理内存容量的限制。

2. 虚拟存储技术

应用程序在运行时,仅需将当前要运行的部分页面先装入内存,其余则留在硬盘提供的虚拟内存中。如果程序所要访问的数据页面尚未调入内存,则通过操作系统所提供的请求调页功能,将它们调入内存即可。在用户看来,系统所提供的内存容量比实际容量大得多,这就是虚拟内存。

在 Windows 操作系统中,虚拟内存是由计算机的物理内存和硬盘上一个名为 Pagefile.sys 的页面文件(或称交换文件)联合组成。Pagefile.sys 文件通常位于系统盘的根目录下,用户可以自行设置其大小,也可以指定存放在哪个硬盘分区下。

3.2.4 文件管理

1. 文件的概念

文件是存储在辅助存储器中的一组相关信息的集合。计算机中的程序、数据、文档通常都组织成为文件，并以文件为单位进行存取操作。

为便于管理和使用，每个文件都有一个名字，即文件名。文件名由主文件名和扩展名两部分组成。主文件名最多由 255 个字符组成，允许带空格，但不能含有？ * ： " / \ ＜ ＞ | 这 9 个英文字符。扩展名由"."加 1~4 个英文字母组成，用于区分文件的类型。

文件除了包含其本身的内容之外，为了方便管理的需要，还包含了文件的说明信息。大多数操作系统使用的文件说明信息包括：主文件名、扩展名、文件大小、文件存放位置、文件创建时间、文件修改时间、最近访问时间、文件创建者、文件属性等。说明信息和文件内容是分开存放在辅助存储器里的，前者集中存放在目录区，后者则存放在数据区。

文件的属性有很多种，Windows 中常见的有：
(1) 系统属性，表示该文件为操作系统运行所必需，默认为隐藏文件；
(2) 存档属性，表示自上次备份后发生过变更；
(3) 隐藏属性，表示在资源管理器中不显示（通过"文件夹选项"可以设置为显示）；
(4) 只读属性，表示该文件只能读取，不允许修改（但可以另存和删除）。

2. 文件目录

为便于查找和使用，操作系统把所有文件分门别类地组织在不同的文件目录（也称文件夹）中。操作系统一般采用多级层次式的树状结构来组织文件，每个逻辑分区都有一个根目录，它包含若干文件和子目录，子目录下又可以包含文件和下一级目录，依次类推。某个文件的位置由分区盘符和文件路径来确定（分区盘符:\文件路径\文件名），其中文件路径即从根目录经由各个子目录直到文件的顺序。

3.2.5 设备管理

操作系统的设备管理主要负责控制和操纵所有 I/O 设备，实现不同 I/O 设备之间、I/O 设备与 CPU 之间、I/O 设备与控制器之间的数据传输，使它们能协调工作。每个物理设备都配有驱动程序（通常由设备的生产厂商提供），驱动程序负责把逻辑设备上的 I/O 操作转换为具体物理设备的 I/O 操作。如此，只要安装了对应的驱动程序，操作系统和应用程序就能直接使用该设备。

Windows 系统中有一个设备管理器，用户可以查找所关心的设备，查看其相关信息和工作状态，也可以修改或重新设置该设备的驱动程序。

3.2.6 常见的操作系统

目前常见的操作系统主要有：
(1) 单用户多任务操作系统，用于个人计算机；
(2) 多用户多任务的网络操作系统，用于网络服务器；

（3）对外部事件能快速做出响应的实时操作系统，用于军事指挥和武器控制系统、电网调度和工业控制系统、证券交易系统等，具有很高的可靠性和安全性；

（4）运行在嵌入式计算机中的"嵌入式操作系统"，快速、高效，具有实时处理功能，代码紧凑。

1. Windows 操作系统

全世界 80% 以上的 PC 上安装了 Windows 系列操作系统。它由美国微软公司开发，支持多任务处理和图形用户界面，系统效率高，用户操作简便。由于市场份额大，许多第三方开发者都在 Windows 平台上开发软件，数目之多、品种之丰富占有绝对优势，尤其是办公、教育、娱乐等领域。

2015 年 7 月，微软发布了 Windows 10 操作系统，能无缝运行于 PC（x86 架构）、平板电脑（ARM 架构和 x86 架构）和服务器等多种平台，是跨平台最多的操作系统。它提供新的浏览器软件（Microsoft Edge）、支持虚拟桌面、改善任务管理和窗口功能，有家庭版、专业版、企业版等 7 个版本。

2. UNIX 操作系统

UNIX 由美国 AT&T 公司贝尔实验室开发，是一种通用的多用户、多任务、分时操作系统。自 1970 年问世以来，被大型服务器和大型网站广泛采用。它结构简单、功能强大、可移植性好、网络功能丰富、安全可靠，对现在许多流行的技术如 TCP/IP 协议、客户/服务器模式以及系带操作系统产生了巨大的影响。

3. Linux 操作系统

Linux 由芬兰学生林纳斯·托瓦茨（Linus Torvalds）于 1991 年开发并上传到因特网上，是最有名的一个自由软件，源代码免费公开。经过成千上万的程序员不断改进，现在全球有超过 300 个 Linux 操作系统发行版本，被移植到多种硬件平台（包括计算机、智能手机、路由器、电视机、游戏机等）上，用户遍及商业、政府、教育以及家庭等不同领域。

3.3 算法与程序设计语言

软件的主体是程序，程序的核心是算法。

3.3.1 算法

1. 算法的基本概念

算法就是解决问题的方法和步骤。一旦给出了算法，人们就能以此解决实际问题，所以算法也是一种分享智慧的途径。开发计算机应用的核心，就是研究和设计解决实际问题的算法，并将其在计算机上实现。

尽管需要求解的问题不同使得算法千变万化，但所有算法都必须满足 4 个基本特性：

（1）确定性。算法中的每一个步骤都必须有确切的含义，不能有二义性。

（2）有穷性。算法必须能在有限步骤内结束，而且每一步都必须能在有限时间内完成。

（3）能行性。算法中的每一步操作都是计算机能够执行的。

（4）输出。当算法结束时,至少要产生一个输出(包括状态的变化)。

一般来说,使用计算机求解问题,包含这样几个步骤:确定和理解问题;寻找解决问题的算法;用程序设计语言表达算法(即编程);运行程序并获得解答;对算法进行评估以求改进。

例如:有三个硬币,其中一个是伪造的,另两个是真的,伪币与真币重量略有不同。现在提供一座天平,如何找出伪币呢?算法如图3-4所示。

图3-4 算法举例

但是要注意,计算机也不是万能的,对于某些问题无法给出可行的算法。

2. 算法的设计与表示

算法所解决的是一类问题而不是某一个特定的问题。设计一个算法需要完整地考虑整个问题和所有可能的情况,并且要满足算法的基本特性。人们经过长期的研发,已经总结出了许多基本的算法设计方法,例如枚举法、迭代法、递归法、回溯法等,但复杂问题的算法设计仍然十分困难。一般情况下,算法的设计采用由粗到细,由抽象到具体的逐步求精的方法。

算法的表示可以有多种形式,如自然语言(简单但不够明确细致)、流程图(直观、清晰)、伪代码(介于自然语言和程序设计语言之间)和程序设计语言(计算机能够执行)等。

3. 算法的分析

一个问题往往有多种不同的算法可以解决,不同的算法效率也不一定相同。在不同的情况下,人们对算法也可以有不同的选择。选择算法,除了考虑其正确性之外,还需要考虑算法是否容易理解、调试,以及算法占用计算机资源的多少(包括时间资源和空间资源)。

3.3.2 程序设计语言

自从计算机诞生,人们就需要和计算机交换信息,这就产生了计算机语言,即程序设计语言。程序设计语言按其级别可以分为机器语言、汇编语言和高级语言三大类。

1. 机器语言

机器语言就是计算机的指令系统,用二进制指令代码表示(可简化为十六进制),是计算机唯一能直接识别和执行的计算机语言。但是机器语言的指令难以记忆和理解，也难以编写、修改和维护，不同计算机的机器语言还不兼容，所以现在人们已经不使用机器语言来开发程序了。

2. 汇编语言

汇编语言出现于 20 世纪 50 年代初，用一些助记符代替机器语言中的操作码，操作数使用人们习惯的十进制数，比机器语言容易理解。但是汇编语言和机器语言都是面向机器的程序设计语言，不能兼容于不同的机器和不同的指令系统。

3. 高级语言

高级语言更接近人们的自然语言（主要是英语），提高了编写和维护程序的效率。高级语言和计算机指令系统无关，具有良好的通用性和可移植性。

但是，高级语言和自然语言仍然有很大差异，主要表现在采用的符号、各种语言成分及其构成、语句的格式等都有专门的规定，语法规则极为严格。根据不同的特点和特殊的用途，高级语言迄今为止已有上千种之多。

1) FORTRAN 语言

FORTRAN 是 Formula Translation（公式翻译）的缩写，是世界上最早出现的、适用于数值计算的、面向过程的程序设计语言，是大型科学与工程计算的有力工具，在高性能计算领域有广泛应用。

2) Basic 和 VB 语言

Basic 是"初学者通用符号指令代码"的缩写，简单易学。VB（Visual Basic）是微软公司在 Basic 基础上开发出的一种基于图形用户接口的可视化程序设计语言，可以调用 Windows 的许多功能，具有强大的数据库访问能力，实现分布式数据库处理，使用相当广泛。VB 语言还有众多子集，例如 VBA（Visual Basic for Application）和 VBScript。

VBA 被包含在微软 Office 软件（如 Word、Excel、PowerPoint、Access）中，用户可以用来编程扩展 Office 软件的功能。它寄生于已有的应用程序中，不需要另外的开发环境，所编写出来的程序（称为"宏"）必须由宿主程序调用才能运行。

VBScript 嵌入在 HTML 文档中使用，所编写的脚本程序可以扩充网页的功能，例如动态修改网页的内容、控制 HTML 文档的展现、验证用户的输入信息是否正确等。

3) Java 语言

Java 语言是由原 Sun Microsystem 公司于 1995 年发布的一种面向对象、用于网络环境编程的程序设计语言。它与操作系统无关，安全、稳定，能将图形浏览器和超文本结合在一起，受到了许多应用领域（包括移动设备）的重视。

4) C 语言、C++语言、Objective-C 和 C#语言

C 语言是由贝尔实验室于 1972 年设计而成的一种面向过程的程序设计语言。它兼具了高级语言的功能和汇编语言的效率，既简洁又实用，可移植性强。C 语言的表达简练，数据结构和控制结构十分灵活，被成功应用于实时控制、数据处理、操作系统开发等各个领域，是当前使用最广泛的通用程序设计语言之一。UNIX 操作系统就是用 C 语言编写而成的。

C++语言是在 C 语言基础上发展起来的面向对象的程序设计语言,是对 C 语言的扩充。它具有数据抽象和面向对象能力,运行性能高,又能与 C 语言兼容,是面向对象程序设计的主流语言。

Objective-C 也是在 C 语言基础上扩充的面向对象的程序设计语言,完全兼容 C 语言。Objective-C 主要用于 iPhone 和 iPad 编程,iOS 操作系统和 iOS 应用程序都是用它开发而成的。

C♯(读作 C Sharp)是微软公司开发的一种面向对象且运行于.NET Framework 上的高级程序设计语言,非常类似 C++,也很接近 Java。使用 C♯开发的程序,无须修改即可运行在不同的计算机平台上,是.NET 开发的首选语言。

3.3.3 程序设计语言处理系统

除了机器语言程序外,其他程序设计语言编写的程序都不能直接在计算机上运行,所以要对它们进行相应的处理。负责进行这种处理的软件是汇编程序、解释程序和编译程序,它们统称为"程序设计语言处理系统"。

1. 汇编程序

汇编程序用于把汇编语言程序翻译成机器语言程序。由于汇编语言的指令与机器语言大体一一对应,所以汇编程序比较简单。

2. 解释程序

解释程序把用高级语言编写的源程序作为输入,逐句扫描、逐句翻译,翻译一句执行一句,不会最终形成机器语言的目标程序。这种方法相当于外语翻译中的"口译"。解释程序的优点是实现简单,便于修改和调试;缺点是运行效率低。

3. 编译程序

编译程序把高级语言编写的源程序扫描一次或多次,进行翻译转换,最终形成一个机器语言的目标程序,可以直接在计算机上执行。这种方法相当于外语翻译中的"笔译"。编译程序实现起来比较复杂,但能够产生出高效率的目标程序,并保存在磁盘上用以多次运行。

自 测 题 3

1. 下面关于系统软件的叙述中,错误的是_____。
   A. 操作系统与计算机硬件密切相关,属于系统软件
   B. 在通用计算机系统中系统软件几乎是必不可少的
   C. 数据库管理系统是系统软件之一
   D. Windows 操作系统安装时附带的所有程序都是系统软件
2. 关于计算机程序的下列叙述中,错误的是_____。
   A. 程序由指令(语句)组成
   B. 程序中的指令(语句)都是计算机能够理解和执行的

C. 启动运行某个程序,就是由 CPU 执行该程序中的指令(语句)

D. CPU 可以直接执行存储在外存储器中的程序

3. 为了支持多任务处理,操作系统采用_____技术把 CPU 分配给各个任务,使多个任务宏观上可以"同时"执行。

   A. 时间片轮转   B. 虚拟存储   C. 批处理   D. 即插即用

4. _____软件运行在计算机系统的底层,并负责管理系统中的各类软硬件资源。

   A. 操作系统   B. 应用程序   C. 编译系统   D. 数据库系统

5. 下列关于计算机算法的叙述中,错误的是_____。

   A. 算法是问题求解规则(方法)的一种过程描述,它必须在执行有限步操作之后结束

   B. 算法的设计一般采用由细到粗、由具体到抽象的逐步求解的方法

   C. 算法的每一个运算必须有确切的定义,即必须是清楚明确、无二义性的

   D. 分析一个算法的好坏,必须要考虑其占用的计算机资源(如时间和空间)的多少

6. Windows(中文版)有关文件夹的以下叙述中,错误的是_____。

   A. 网络上其他用户可以不受限制地修改共享文件夹中的文件

   B. 文件夹为文件的查找提供了方便

   C. 几乎所有文件夹都可以设置为共享

   D. 将不同类型的文件放在不同的文件夹中,方便了文件的分类存储

7. 很长时间以来,在求解科学与工程计算问题时,人们往往首选_____作为程序设计语言。

   A. FORTRAN   B. Pascal   C. Java   D. C++

8. 若同一单位的很多用户都需要安装使用同一软件时,最好购买该软件相应的_____。

   A. 多用户许可证   B. 专利

   C. 著作权   D. 多个拷贝

9. 下列叙述中,_____是错误的。

   A. 存储容量要求大于实际主存储器容量的程序,采用虚拟存储技术之后就能运行

   B. 操作系统在读写磁盘上的一个文件中的数据时,不需要使用该文件的说明信息

   C. 操作系统具有管理计算机资源的功能

   D. 多任务操作系统允许同时运行多个应用程序

10. 在 PC 机中,某个应用软件包(如 QQ)能正确安装,但该软件包在手机上却不能安装的根本原因是_____。

   A. 计算机与手机的操作方式不一样

   B. 手机太旧,该应用软件包版本新

   C. 手机内存不够大

   D. 计算机与手机的指令系统不兼容

第3章 计算机软件

延展阅读

一、个人电脑时代的主导——WinTel

20世纪80年代初,苹果和IBM在个人电脑市场激战正酣。当时,很少有人能想到,引领之后几十年个人电脑发展的,其实是IBM-PC背后的微软和英特尔。

1976年,史蒂夫·乔布斯(Steve Jobs)和沃兹尼亚克(Steve Wozniak)在一间车库里"攒"出了世界上第一台可以商业化的个人电脑Apple I。虽然有各种局限性,但沃兹尼亚克很快就开发出了热销的Apple II。这可能是史上销量最大、生命力最长的个人电脑之一,其扩展型号甚至卖到了1993年。

另一边,商用计算机巨头IBM也于1980年决定开发个人电脑,并把这个任务交给了一个只有十几人的小组。由于人手不足,这个小组不得不打破了以前IBM自行设计全部软硬件的做法,而采用了英特尔的8088芯片,并委托微软公司的比尔·盖茨(Bill Gates)开发操作系统。盖茨花5万美元买了一个叫QDOS的小型操作系统,改名为MS-DOS后,去向IBM交差。这样,仅仅用了一年,IBM-PC就问世了,当年就卖掉了10万台,并占领了75%的个人电脑市场。IBM-PC被认为是20世纪最具革命性的计算机产品,性能比当时苹果公司的好了很多。个人电脑进入家庭,帮助人们解决日常问题,正是从这时候开始的。

不过,这时的人们还需要用键盘不断输入命令,也就是用计算机规定的语言来和计算机交流。这个门槛并不低,如果解决不了,计算机的普及仍然很困难。

1980年,乔布斯就将源自施乐公司的图形界面系统和鼠标,用到了苹果的个人电脑上。1981年,他请小字辈的盖茨来为图形界面的操作系统设计办公软件。让他想不到的是,盖茨想的却是如何开发类似的操作系统和苹果竞争。

微软几经周折,到1990年终于开发出一款可以媲美苹果系统的Windows 3.0。这个系统一上市就确立了微软在个人电脑时代的领袖地位,并在短短两年时间里把苹果的市场份额挤得只剩下5%。盖茨"让每个家庭都拥有计算机"的理想实现了。

在个人电脑时代,除了摩尔定律之外,还有一个安迪-比尔定律,该定律的原文是"安迪所给的,比尔都要拿走"。安迪是英特尔公司联合创始人兼当时的CEO安迪·格罗夫(Andy Grove),比尔就是比尔·盖茨。这条规律的意思是,微软等软件公司的新软件,总要比从前的软件消耗更多的硬件资源,以至于抵消了英特尔等硬件公司带来的性能提升效果。

安迪-比尔定律其实是计算机工业发展的需要。为了让计算机真正对个人和家庭有用,就必须开发出各种各样、功能越来越多、结构越来越复杂的软件,而运行这些软件要消耗内存和处理器等硬件资源。为了管理这些软件和越来越多的用户数据,计算机的操作系统也要做得越来越复杂,消耗越来越多的硬件资源。而随着软件越来越复杂,软件开发的难度就越来越大,于是程序员们不得不采用变得方便但运行效率降低的程序语言,这也会消耗更多的硬件资源。在摩尔定律和安迪-比尔定律的共同作用下，几十年来计算机的价格逐渐下降，性能越来越强，功能越来越多，用途越来越广。

虽然生产硬件的厂商和开发软件的公司非常多，但大家都绕不开两个环节——CPU和操作系统，而它们分别被英特尔和微软控制了。生产不兼容英特尔CPU和微软操作系统的机器，就意味着各种软件都无法运行了。于是，英特尔和微软主导了个人电脑时代，两个核心Windows加上Intel，就简称WinTel。而苹果公司自成一体，软硬件全都自行开发制作，和其他的个人电脑完全不能兼容。这就导致了三个后果：价格贵、软件少和不兼容。WinTel代表开放与分工合作，这是现代工业社会的基本特征；苹果则代表着封闭和对技术的垄断，在市场份额上落败是必然的。

（本篇改编自《文明之光》第三册第十九章，吴军，人民邮电出版社，2015年版）

二、Linux的起源与发展

1991年芬兰学生林纳斯·托瓦茨终于有了一台完全属于自己的电脑，不必再忍受学校机房漫长的等待。然而令他郁闷的是，他的电脑上没有合适的操作系统可用。于是，林纳斯不得不自己写一个操作系统来用。两个月后，一个勉强可以使用的0.01版的Linux内核诞生了。随后林纳斯将其上传至FTP，并公布了全部源代码。

此前，当微软靠卖软件赚得盆满钵满时，有一个黑客很是不满。理查德·斯托曼（Richard Stallman）认为所有软件都是人类智慧和思想的结晶。软件应该自由地让人们使用。1983年，Stallman发起了"GNU"计划，目的是创建一套完全自由的操作系统，以"重现软件界合作互助的团结精神"。他拟定了一份通用公共许可证（general public license，简称GPL），强调公共版权和鼓励自由传播，它允许修改程序、复制软件和销售获利，但前提是公布修改后的全部源代码，必须保证自由思想的传递。GNU计划激发了软件界极大的热情，世界各地的软件高手们纷纷参与，并且开发出包括C语言编译器、大部分UNIX系统程序库和工具在内的许多软件。

虽然GNU编写了很多自由免费的软件，可是却没有自由的操作系统。而林纳斯刚好只有一个操作系统内核却没有应用软件。终于，林纳斯率领Linux加盟了GNU计划，这一转变至关重要，它促进了Linux在商业领域的繁荣。

一开始，Linux开放的政策让无数黑客和业余爱好者参与了进来，这是自由的胜利。随后，商业软件公司也逐渐参与进来，开创了"销售服务而非软件"的商业模式。Linux也从黑客和业余爱好者自娱自乐的工具，转变成了一个具有全球影响力的软件平台。

1992年，Linux的核心代码只有几万行；如今，其核心代码已经超过千万行。1998年，全球前500台超级计算机中只有1台运行Linux；如今，全球前500台超级计算机中，有400多台选用Linux，遍布世界各地各行各业。从IC卡芯片到航天科技，Linux已无处不在。

三、计算机之母

艾达·洛芙莱斯（Augusta Ada King, Countess of Lovelace，1815年12月10日—

1852年11月27日，通称Ada Lovelace）是英国著名诗人拜伦唯一合法的女儿。在她只有一个月大的时候父母就离异了。艾达的母亲担心女儿会"感染"拜伦式"疯狂"，决定让她远离文艺，引导她转向数学和科学领域。

从5岁开始，艾达就接受一系列严格的教育，她富有想象力，对数学、机械学很着迷。整个1828年，她在给母亲的信中都在讲述自己尝试用纸、丝绸或羽毛来制作翅膀，以便能够飞起来。这样的想象力最终使她参与到一个由蒸汽机驱动的飞行机器项目中。

1833年，艾达17岁，刚踏入社会的第一年，有幸成为见识到巴贝奇（Charles Babbage）差分机原型的一小部分人之一。艾达在科学尤其是数学方面有着丰富的想象力，她几乎是当时唯一一个能够理解巴贝奇差分机工作原理和潜力的人，这开启了他们之间的友谊。

虽然巴贝奇的差分机（后改为分析机）从未建成，但艾达还是对其设计有着深刻的理解，并为此撰写了一部了不起的论文，即《查尔斯·巴贝奇分析机原理》(Sketch of the Analytical Engine Invented by Charles Babbage)，这一论文于1842年发表。其中的一个表格常被描述为"第一个计算机程序"，它对未来计算机的挑战及其创造性和潜力的憧憬极具远见。艾达也因此被认为是世界上第一个程序员。

艾达的设计思想甚至还超越了巴贝奇。巴贝奇只是将计算机视为数字的操控者，而艾达则专注于计算机创造性的可能性和局限性，这也是我们当今世界所需要处理的问题。艾达还创造出许多巴贝奇也未曾提到的新构想，比如她曾经预言："这个机器未来可以用来排版、编曲或是各种更复杂的用途。"

1953年，艾达之前阅读查尔斯·巴贝奇的《分析机概论》所留下的笔记重新公布，被公认对现代计算机与软件工程造成了重大影响。她的笔记中提出一个重要思想："分析机不创造任何东西，它可以完成我们命令它执行的任何任务。它也可以跟踪分析，但却无法预测任何分析关系或真相。它的价值在于协助我们做好我们已经熟悉的事情。"——这在关于计算机和创造力的讨论中经常被引用，特别是数学家阿兰·图灵的"模仿游戏"论文。

1980年12月10日，美国国防部制作了一个新的高级计算机编程语言——Ada，以纪念艾达·洛芙莱斯。Ada是一种表现能力很强的通用程序设计语言，是美国国防部为克服软件开发危机，耗费巨资，历时近20年研制成功的，被誉为第四代计算机语言的最成功代表。它主要用于高完整性/安全性领域，包括商用和军用航空飞行设备、空中交通管制、铁路系统以及医疗设备等。

第4章 计算机网络与互联网

计算机网络是计算机技术和通信技术结合的产物。随着技术的发展,计算机网络,特别是遍布全球的互联网(Internet,也称因特网)已经渗透到社会的各个领域,不断改变着人们的工作、学习和生活方式。

4.1 数字通信基础

通信,指人与人或人与自然之间通过某种行为或媒介进行的信息交流与传递。从广义上说,各种信息传递都可以被称作通信。而现代通信是指利用电波或光波传递信息的技术,也称为电信,例如电报、电话、广播和电视等。其中,电话是点对点的双向通信,而广播则是单点对多点的单向通信。

现代通信的发展历史:
(1) 1837 年,英国建成第一条电报线路(Morse 电报)。
(2) 1876 年,美国人 A. G. Bell 研制成可供实用的电话。
(3) 20 世纪初,马可尼实现了跨越大西洋的无线电报通信。
(4) 1918 年,出现收音机和无线电广播。
(5) 1938 年,第一个电视台开始播出。
(6) 1940 年以后出现彩色电视。
(7) 1960 年以后出现计算机网络。

在不到 200 年间,通信技术有了翻天覆地的变化,移动通信、卫星技术、光纤通信、人工智能等技术将我们带进了信息化的社会。

4.1.1 通信系统基本原理

1. 通信系统的简单模型

通信系统由三个要素组成:信息的发送者(信源)、信息的接收者(信宿)和携带了信息的电/光信号、信息的传输通道(信道),如图 4-1 所示。

图 4-1 通信系统的简单模型

通信系统中所传输的信息,都必须以某种电(或光)信号的形式,才能通过信道进行传输。信号的形式有两种:模拟信号和数字信号,如图4-2所示。模拟信号通过连续变化的物理量(如电平的幅度或电流的强度)来表示信息,例如人们打电话或者播音员播音时声音经话筒(麦克风)转换得到的电信号。数字信号使用有限个状态(一般是2个)来表示(编码)信息,例如电报机、传真机和计算机发出的信号。

图4-2 模拟信号和数字信号

模拟信号在传输中容易受到干扰、保密性差、信号质量不稳定。随着数字技术的发展,现在已经普遍采用数字信号进行通信,即数字通信。数字通信的优点有抗干扰性强、可靠性高、安全性好。

2. 有线通信与无线通信

按照使用的传输介质类型,通信分为有线通信和无线通信两大类。不同的介质具有不同的传输特性,所用设备也不一样,具有不同的应用范围,如表4-1所示。

表4-1 通信介质的类型、特点和应用

介质类型		特 点	应 用
有线通信	双绞线	成本低,易受外部高频电磁波干扰,误码率较高;传输距离有限	固定电话本地回路、计算机局域网
	同轴电缆	传输特性和屏蔽特性良好,可作为传输干线长距离传输载波信号,但成本较高	固定电话中继线路、有线电视接入
	光缆	传输损耗小,通信距离长,容量大,屏蔽特性非常好,不易被窃听,重量轻,便于运输和铺设;缺点是精确连接两根光纤很困难	电话、电视等通信系统的远程干线,计算机网络的干线
无线通信	自由空间	使用微波、红外线、激光等,建设费用低,抗灾能力强,容量大,无线接入使得通信更加方便;但易被窃听、易受干扰	广播,电视,移动通信系统,计算机无线局域网

双绞线只能短距离(无中继时一般不超过100m)通信,价格便宜、抗干扰性差、误码率高,普遍用于建筑物内的计算机局域网。

同轴电缆传输距离远、速度快,但由于含有大量金属,成本很高,所以已经大量被光缆取代。目前,在有线电视电缆中还有使用。

光缆不仅通信容量大、传输距离远,而且抗干扰性强、安全性好,目前已经成为几乎所有现代通信网和计算机网的基础平台。

借助电磁波在空间的传播进行信息传输,即无线电波通信。但是无线通信的传输效率没有有线通信高,易受干扰,易被窃听。无线电波按频率(或波长)可以分为中波、短波、超短波和微波,传播特性各不相同,有不同的应用领域。

微波具有类似光波的特性,主要是直线传播,遇到物体阻挡时会反射,不能沿地球表面传播,也不能通过电离层反射。利用微波进行远距离通信时,要依靠一系列微波站(一般间隔50km)进行接力通信。也可以利用人造卫星进行转发(即卫星通信)。微波通信常用于手机、蓝牙、GPS和无线局域网(WiFi)等。

红外线通信、激光通信的信号沿直线传播,不能穿透障碍物,是可视范围内的近距离通信。

3. 移动通信

移动通信是微波通信的一种。以手机为代表的个人移动通信系统,由移动台、基站、移动电话交换中心组成。移动台即手机,基站是与移动台联系的无线信号收发机,交换中心则与固定电话网连接。由于每个基站的有效区域互相分割又彼此交叠,形成蜂窝一样的形状,所以移动通信系统也称为"蜂窝式移动通信"。

移动通信经历了4代的发展,现在已经迈向第5代(5G)。

(1) 第1代移动通信采用模拟通信技术,功能仅限于电话通信。

(2) 第2代移动通信(2G)开始使用数字通信技术,除了语音之外还提供低速的数据服务。我国曾广泛使用的GSM(中国移动、联通)和CDMA(中国电信)就属于第2代移动通信系统。

(3) 第3代移动通信(3G)能实现高速数据传输和宽带多媒体服务,能接入互联网。我国采用3种3G技术标准:中国移动采用TD-SCDMA,中国电信采用CDMA2000,中国联通采用WCDMA。三种标准的网络是互通的,但终端设备(手机)互不兼容。

(4) 第4代移动通信(4G)速度更快、频谱更宽,能实现更加灵活多样的高质量多媒体通信和应用。中国移动采用TD-LTE制式,中国电信和中国联通采用FDD-LTE制式。

(5) 第5代移动通信(5G)是4G的真正升级版,下行峰值速率可以达到10Gb/s,能以1Gb/s的速率支持数以千万计的用户同时工作。频谱效率比4G显著增强,延迟时间也显著低于4G。2018年,中美日韩等国开始试验组网,运营商和设备制造商也不断宣传造势,但以目前的情况看,距离大规模商业应用还需要几年时间。

4.1.2 调制解调技术和多路复用技术

1. 调制解调技术

电信号直接传输的距离不远,而高频振荡的正弦波信号在长距离通信中比其他信号传送得更远。因此,把这种高频正弦波信号用作携带信息的载波,比直接传输的距离远得多。

调制是指利用信源信号去调整载波的参数(幅度、频率、相位)。解调是指接收端把载波所携带的信号检测出来并恢复成原始信号。实现调制和解调的设备,分别称为"调制器"和"解调器",实际应用中常将两者合在一起,称为"调制解调器(modem)",俗称"猫"。

数字信号的调制方法有三种:调幅、调频和调相。无论是有线通信还是无线通信,远

图 4-3 远距离通信必须使用调制解调技术

距离通信都要采用调制解调技术,如图 4-3 所示。以光缆为例,在发送端通过"光猫"进行电光转换,并对光信号进行调制;经远距离传输(一般超过 50km 就要使用光中继器重建光信号)后,在接收端通过"光猫"对光信号进行解调,并进行光电转换恢复信号。

2. 多路复用技术

由于传输线路的建设和维护成本很高,而一条传输线路的容量通常远远超过一路用户信号所需的带宽。为降低通信成本,提高线路利用率,一般都会让多路信号共用一条传输线路,这就是多路复用技术。多路复用技术主要有时分多路复用、频分多路复用和波分多路复用。

1) 时分多路复用

时分多路复用(TDM)是按传输信号的时间进行分割的,它使不同的信号在不同的时间内传送,将整个传输时间分为许多时间片,每个时间片被一路信号占用,线路上的每一短暂时刻都只有一路信号存在。时分多路复用被广泛应用于数字通信系统,如计算机网络、手机移动通信等。

2) 频分多路复用

频分多路复用(FDM)将每路信源信号都调制在不同频率的载波上,通过多路复用器把它们复合成一个信号在传输线路上进行传输。在接收端,通过分路器(如收音机和电视机的调谐电路)把不同频率的载波分别送到不同的接收设备。频分多路复用技术用在无线广播电台系统和有线电视系统中。

3) 波分多路复用

波分多路复用(WDM)与频分多路复用类似,它将多种不同波长的光载波信号在发送端经复用器汇合在一起,并耦合到光线路的同一根光缆中进行传输。而接收端经分波器将各种波长的光载波分离,分别送到各自相应的光电检测器中恢复出原始信号。这样,一根光缆的传输容量能达到 1Tb/s 以上。

4.1.3 交换技术

1. 电路交换与分组交换

交换就是把一条线路转接到另一条线路,使它们连通起来。常用的两大类交换方式是电路交换和分组交换。

电路交换要求通信双方用物理线路直接连通。例如,电话系统在通话时经过拨号交换机把双方的线路接通,建立起一条物理通路,通话后再释放该线路。电路交换的特点是:通信双方占用整条线路,延迟非常小,实时性强,但是线路利用率很低。

分组交换也称包交换,它将需要传输的数据划分成若干个适当大小的数据段,每个数据段都附加上收发双方的地址、数据段编号、校验信息等作为"头部信息",组成一个个"包"(也称"分组")。然后以包为单位通过网络向目的计算机逐个发送,数据包的格式如图 4-4 所示。

| 发送计算机地址 | 目的计算机地址 | 编号 | 有效载荷(传输的数据) | 校验信息 |

图 4-4 数据包的格式

采用分组交换时,文件会被分解成若干个数据包进行传输,每个数据包在网络中经过的路径可能不同,抵达目的地的先后次序也可能不同,甚至某些数据包会被传输多次。当全部数据包都到达目的地后,接收端将按照编号还原源文件。

分组交换的优点是线路利用率高、通信可靠、灵活性好;缺点是延时较长、头部信息产生额外开销、交换机成本较高。总之,当前在数据通信和计算机网络中,分组交换技术已被广泛采用。

2. 分组交换机与存储转发

为实现分组交换,网络中必须使用一种关键设备——分组交换机,其工作模式为"存储转发"。当分组交换机收到一个数据包后,就会检查数据包中的目的计算机地址,然后检查转发表以决定应该由哪个端口转发出去。分组交换机的每个端口都有一个输出缓冲区,需要发送的包都在其中排队。端口每发送完一个包,就从缓冲区中提取下一个包发送,这就是存储转发技术。

分组交换机的转发表中包含通向所有可能目的地的转发信息,也叫路由信息。转发表是根据网络的实际情况自动计算得到的,当网络中的通信线路发生变化时,转发表会重新计算和更新。

4.2 计算机网络基础

4.2.1 计算机网络的分类与组成

1. 计算机网络的概念

计算机网络就是利用通信设备和网络软件,把地理位置分散且功能独立的多台计算机(或其他智能设备)以相互共享资源和进行信息传递为目的连接起来的一个系统。

计算机联网的目的主要基于四个方面:

(1) 数据通信。计算机网络使分散的计算机之间可以相互传送数据,方便地交换信息。

(2) 资源共享。只要允许,用户就可以共享网络中其他计算机的软件、硬件和数据资源,而不必受到地理位置的限制。

(3) 实现分布式信息处理。分散在各地的用户可以通过网络合作,协同完成一项任务。

(4) 提高计算机系统的可靠性和可用性。当计算机出现故障时,网络中的计算机可以互为后备;当计算机负荷过重时,可将部分任务分配给空闲的计算机去完成,提高系统的可用性。

2. 计算机网络的分类

计算机网络的分类方法很多。例如,按使用的传输介质可分为有线网和无线网;按网络的使用性质可分为公用网和专用网;按网络的使用对象可分为企业网、政府网、金融网和校园网等。大多数情况下,人们按网络所覆盖的地域范围分为局域网(LAN)、城域网(MAN)和广域网(WAN)。

(1) 局域网的范围较小,一般不超过 3km,通常是一栋楼、一个小区或一个单位。网内的计算机较少,结构简单,速度快(如 10G 以太网)。

(2) 城域网的范围在 5 到 50km 之间,一般用于把城市范围内大量的局域网和个人计算机高速接入互联网。

(3) 广域网的范围可覆盖一个国家、地区,甚至横跨几个洲形成国际性网络。人们日常使用的互联网(Internet),就是覆盖全球的最大的一个广域网,由大量的局域网、城域网和个人计算机等互联而成。

3. 计算机网络的组成

计算机网络从逻辑上可以分为资源子网和通信子网。资源子网包括终端设备和网络软件资源,通信子网包括数据通信链路和网络协议。

(1) 终端设备,如电脑、手机、智能电视等各种智能化、网络化的设备,是网络的主体。

(2) 网络软件资源,包括网络操作系统(NOS)和网络应用软件。目前主流的网络操作系统有 Windows 系统的服务器版(如 Windows 2000 Server、Windows 2008 Server、Windows 2016 Server 等,用于中低档服务器)、UNIX 系统(稳定性和安全性好,可用于大型网络)和 Linux 系统(源代码开放,可免费得到许多应用软件)。

(3) 数据通信链路,就是用于数据传输的线路,以及线路中的各种控制设备(如网卡、调制解调器、交换机、路由器等)。带宽是衡量数据链路性能的重要指标之一,指该链路能达到的最高数据传输速率,其单位有比特/秒(bps)、千比特/秒(kbps)、兆比特/秒(Mbps)、吉比特/秒(Gbps)。此外,数据链路性能的指标还包括端对端延迟、误码率等。

(4) 网络协议是指为了使网络中的计算机能正确进行数据通信和资源共享,所有设备必须共同遵循的一组通信规则和约定。

4. 计算机网络的工作模式

网络中的计算机可以扮演两种角色:提供资源给其他计算机的服务器;使用服务器资源的客户机。每一台联网的计算机,或者是客户机,或者是服务器,或者是兼具两种身份。

计算机网络有两种基本的工作模式:对等(peer-to-peer,简称 P2P)模式和客户/服务器(client/server,简称 C/S)模式。

(1) 对等模式的网络中,每台计算机既作为客户机也作为服务器,每台计算机的地位都是对等的。对等模式组网简单,没有专门的服务器,也不需要管理员。网上邻居、BT 下载、迅雷下载、即时通信等业务流量超过 60%的网络应用都采用对等模式。

(2) 客户/服务器模式的网络中,每一台计算机都有固定的角色,或是服务器,或是客户机。客户机向服务器提出请求,服务器响应该请求并做出相应的处理,再将结果反馈给客户机。实际应用中大多采用一些专门设计的性能较高的计算机作为服务器,它们并发处理能力强,存储量大,传输速率高,安全可靠。服务器按用途可以分为:Web服务器、打印服务器、邮件服务器、文件服务器、数据库服务器等。

4.2.2 局域网的基本原理

局域网是计算机网络中最常见的一种形式,其特点是:为一个单位所拥有,自建自管,地理范围有限;使用专门铺设的传输介质进行联网;数据传输速率高(10Mbps~10Gbps)、延迟时间短;可靠性高、误码率低($10^{-8} \sim 10^{-11}$)。

1. 局域网的组成

计算机局域网由网络工作站(包括PC、手机等)、网络服务器、网络打印机、网络接口卡、传输介质、网络互联设备等组成,如图4-5所示。

网络上的每一台设备,都有自己的物理地址(即MAC地址,由48bits组成),以便相互识别和通信。

图4-5 局域网的组成

局域网采用分组交换技术,网络中传输的数据被分成若干"帧",一次只能传输1帧,用时分多路复用技术共享传输介质,提高网络的整体效率。数据帧的格式如图4-6所示。

发送计算机MAC地址	目的计算机MAC地址	控制信息	有效载荷(传输的数据)	校验信息

图4-6 数据帧的格式

2. 网卡

网络中的每台设备都有网络接口卡,简称网卡。每块网卡都有一个全球唯一的MAC地址,由于该地址被固化在网卡的ROM中,所以也被称为物理地址。MAC地址是由电子电气工程师协会(IEEE)为网卡制造商统一分配的。由于集成电路集成度的提高,现在网卡均已集成在PC芯片组或手机SoC芯片中。即使是同一个设备,当接入不同类型的网络时,也需要使用不同类型的网卡。

4.2.3 常用局域网

局域网的类型很多。按使用的传输介质可分为有线网和无线网;按各种设备互连的拓扑结构可分为星型网、环型网、总线型网、树型网和混合型网；按传输介质所使用的访问控制方法可分为以太网、FDDI网和令牌网。其中，以太网是当前应用最广泛的局域网技术。

1. 共享式以太网

共享式以太网采用总线型拓扑结构，网络中的所有节点通过以太网卡连接到一条共用的传输线路（总线）上，实现计算机之间的通信。共享式以太网以集线器（HUB）为中心，所有计算机共享一定带宽，采用"广播"方式通信。当计算机数目较多且通信比较频繁时，网络容易阻塞，性能会急剧下降，现在已经很少使用。

2. 交换式以太网

交换式以太网采用星型拓扑结构，其中心是以太网交换机。交换式以太网采用点对点（P2P）方式通信，连接在以太网交换机上的所有计算机都可以同时互相通信，而且每台计算机各自独享一定带宽（100Mbps甚至更高）。由于可以方便地将网络规模扩展到很大，绝大部分以太网都采用交换式以太网。

3. 千（万）兆位以太网

一般企业或学校内部，会借助以太网交换机，按性能高低以树状方式将许多小型以太网连接起来，构成中央—部门—工作组—计算机的多层次以太局域网。其中，中央交换机采用光纤为传输介质，总带宽可以达到1000Mbps甚至更高。这种局域网被称为千（万）兆位以太网。

4. 无线局域网

无线局域网（WLAN）是以太网和无线通信技术相结合的产物，其优点是能方便地移动终端设备的位置，组网方便灵活。无线局域网主要采用2.4GHz和5GHz两个频段的微波，覆盖范围广、抗干扰性强，安全性好。采用的协议主要是IEEE 802.11（WiFi）。2014年批准的802.11ac协议，传输速率达到了1000Mbps，现已广泛使用。

无线局域网使用无线网卡、无线接入点等设备构建，不能完全脱离有线网络，只能作为有线网络的补充和扩展。无线接入点（wireless access point，简称WAP或AP）也叫无线热点，实际上就是个无线交换机，相当于移动通信中的基站。

蓝牙和NFC（近场通信）也可以组建无线局域网，成本低但是距离近、速度慢，主要用作无线I/O接口，如蓝牙耳机、蓝牙音箱、刷卡/手机支付等。

4.3 互联网的组成

4.3.1 网络分层结构与TCP/IP协议

1. 网络的分层结构

计算机网络是个复杂的系统，互相通信的各个终端和设备必须高度协调才能完成预定的任务，为此必须采用各种设备共同遵守的网络通信协议（简称协议）。网络协议采用分层的方法进行设计和开发。分层可以把复杂问题转换为若干较小的局部问题，比较容易处理。由于各层之间相对独立,所以灵活性好,有利于软件的实现与维护。

2. TCP/IP 网络协议

TCP/IP 协议是现在互联网上使用最广泛的网络协议。该协议将计算机网络分成 4 层:应用层、传输层、网络互联层、网络接口和硬件层,如图 4-7 所示。每一层都包含若干协议,整个 TCP/IP 协议中包含数以百计的协议。其中,TCP(传输控制协议)和 IP(网络互连协议)是最基本、最重要的两个核心协议。

图 4-7　TCP/IP 的分层结构

(1) 网络接口和硬件层规定了怎样与不同的物理网络进行链接,负责把 IP 数据报转换成适合在特定网络中传输的帧格式,也叫链路层。

(2) 网络互联层为整个互连的网络中的所有计算机统一规定了编制方案和数据包格式(称为 IP 数据报),并提供将 IP 数据报从一台计算机逐步通过一个个路由器送到目的地的转发机制。

(3) 传输层提供端对端的数据传输,主要有 TCP 和 UDP(用户数据包协议)两个协议。TCP 负责可靠地端对端传输;UDP 提供简单、快速、高效的无连接服务,但不保证传输的可靠性。

(4) 应用层规定了运行在终端设备上的应用程序之间如何通过网络进行通信。不同的应用需要用到不同的应用层协议,如 Web 浏览器采用 HTTP 协议(超文本传输协议),发送电子邮件使用 SMTP 协议(简单邮件传送协议)。

TCP/IP 协议适用于异构网络的互联,能提供可靠的端对端通信,与操作系统紧密结合。既支持面向连接服务,也支持无连接服务,有利于实现基于音视频通信的多媒体应用。

4.3.2　IP 协议与路由器

为给互连的异构网络中所有计算机进行统一编址和数据包格式转换,必须使用 IP 协议和路由器。

1. IP 地址

为了屏蔽异构网络中计算机地址格式的差异,IP 协议规定,所有主机必须使用一种统一格式的地址作为标识,这就是 IP 地址。IP 地址是一种逻辑地址,并不会影响设备的物理地址。

IP 协议第 4 版(IPv4)规定,IP 地址由 32 个二进位(4 个字节)组成。为了便于记忆和使用,通常用"点分十进制"的形式表示,即 4 个字节分别用等值的十进制数表示,中间以小数点"."隔开。例如,IP 地址 11000000 10101000 00000000 01100100 表示为 192.168.0.100。

IP 地址包含网络号和主机号两个部分。网络号表示主机所属的物理网络在 Internet 中的编号。主机号表示该主机在所属的物理网络中的编号。IP 地址可以分为 A 类、B 类、C 类三个基本类,用来表示不同规模的物理网络,另外还有 D 类和 E 类分别作为组播地址和备用地址,如图 4-8 所示。

图 4-8 IP 地址的分类

(1) A 类地址用于超大型网络,这种网络具有大量主机,全球只有 126 个网络能获得 A 类地址。A 类地址二进制表示的最高位为"0",即十进制表示时首字节为 1 至 126(0 和 127 另有其他作用,不能用于分配)。

(2) B 类地址用于中等规模的网络,其二进制表示的最高位为"10",即十进制表示时首字节为 128 至 191。

(3) C 类地址用于小规模的局域网使用,互相连接的主机数量不能超过 254 台。C 类地址二进制表示的最高位为"110",即十进制表示时首字节为 192 至 223。

(4) 有两类特殊的 IP 地址不能分配给任何主机使用。主机号(二进制表示)全都为"0"的称为网络地址,用于表示整个网络本身;主机号(二进制表示)全都为"1"的称为直接广播地址,指向该网络中的每一台主机。

通过子网掩码,可以计算出一个 IP 地址的网络号。子网掩码必须结合 IP 地址一起使用,也由 32 个二进制位组成。其中,与 IP 地址中网络号对应位置处的二进位是"1",与主机号对应位置处的二进位是"0"。所以,使用子网掩码与 IP 地址进行逻辑乘可得到该主机所在子网的网络号。一般来说,A 类地址默认的子网掩码是 255.0.0.0;B 类地址默认的子网掩码是 255.255.0.0;C 类地址默认的子网掩码是 255.255.255.0。

但是 IPv4 中的地址已于 2011 年初就全部分配完毕,现在国际上已经开始采用 IP 协议第 6 版(IPv6),其 IP 地址由 128 个二进位组成,几乎可以不受限制地提供 IP 地址,以应对物联网的需求。

2. IP 数据报

TCP/IP 协议规定了一种独立于各种物理网络的数据包格式,称为 IP 数据报。IP 数据报由头部和数据区两部分组成:头部的信息用于确定在网络中传输的路由;而数据区则是要传输的数据。数据区的长度是可变的,最小1个字节,最大(包括头部在内)64KB,如图4-9所示。

```
头   0    3 4      7 8     15 16                    31
部  ┌─────┬────────┬────────┬──────────────────────┐
    │版本号│头部长度│服务类型│ 数据报总长度 16 bit  │
    ├─────┴────────┴────────┼─────┬────────────────┤
    │     标识 16 bit       │ 标志│  片偏移 13 bit │
    ├──────────────┬────────┴─────┴────────────────┤
    │ 生成时间 8 bit│协议 8 bit│  头部检验和 16 bit │
    ├──────────────┴──────────┴────────────────────┤
    │        发送 IP 数据报的主机 IP 地址 32 bit   │
    ├──────────────────────────────────────────────┤
    │        接收 IP 数据报的主机 IP 地址 32 bit   │
    ├──────────────────────────────┬───────────────┤
    │      可选字段(长度可变)       │    填充       │
数据├──────────────────────────────┴───────────────┤
区  │     数据(最少 1 B,包含头部最大 64 KB)         │
    └──────────────────────────────────────────────┘
```

图4-9 IP数据报的格式

3. 路由器

由于互联网上连接着各种不同结构的局域网和广域网,为使这些异构网络正常连通和工作,必须统一使用TCP/IP协议和路由器。路由器本质上也是一种分组交换机,其功能是路由选择、数据转发和协议转换。一个路由器通常连接多个网络。连接在哪个网络的端口,就被分配一个属于该网络的IP地址,所以同一个路由器会拥有许多不同的IP地址。

路由器与交换机的区别在于:路由器转发IP数据报,工作在网络互联层;而交换机转发以太网数据帧,工作在网络接口和硬件层。而且路由器能连接异构网络,能对IP数据报进行过滤、加密、压缩等处理,还具备流量控制、配置管理、性能管理等功能。

无线路由器是一种将以太网交换机、无线AP和路由器功能集成在一起的产品,能支持DHCP客户端(动态主机配置协议,用于动态分配IP地址)、VPN(虚拟专网)、防火墙、WEP加密、网络地址转换(network address translation,简称NAT)等功能,对于无线接入的身份认证和传输信息的安全也有相应的技术保障。

4.3.3 互联网的发展及组成

1. 互联网的发展

互联网(Internet)可以说是美苏冷战的产物,起源于美国国防部高级研究计划署(ARPA,现已改称DARPA)资助,于1969年建立的ARPANET。1981年美国国家科学基金会(National Science Foundation,简称NSF)在ARPANET的基础上进行了大规模扩充,形成了后来的NSFNET。1982年,美国各大学和各大公司都同意将TCP/IP协议指定为NSFNET上的标准通信协议,大家也都连入了NSFNET,这就成了真正意义上的互联网。1990年ARPA退出了对互联网的管理,NSF也在1995年退出了。从这时起,互联网迅速商业化,大批资金涌入使得互联网爆炸式增长,迅速扩大到全球100多个国家和地区,并出现了因特网服务提供商ISP,逐渐形成了基于ISP的多层次结构。

用户的计算机若要接入互联网,必须获得ISP分配的IP地址。对于单位用户,ISP

通常分配一批地址(如一个 B 类或若干个 C 类网络号),单位的网络中心再对网络中的每一台主机指定其子网号和主机号,使每台计算机都有固定的 IP 地址。对于个人用户,ISP 一般不分配固定的 IP 地址,而采用动态分配的方法——上网时有 ISP 的 DHCP 服务器临时分配一个 IP 地址,下线时则收回给其他用户使用。

2. 域名系统

由于 IP 地址难以理解和记忆,更合适的办法是使用具有特定含义的符号来表示互联网上的主机,该符号与这台主机的 IP 地址相对应,也就是这台主机的域名。用户只要通过目标主机的域名就可以进行访问,而无须记忆目标主机的 IP 地址。当然,用户也可以按 IP 地址访问主机。

为避免域名重复,互联网采用多级命名方式,将整个网络的名字空间划分为若干个域,每个域又划分成若干个子域,子域还可以再分成许多子域。所有主机的域名都由一系列域及其子域组成,中间用". "隔开,从左到右级别逐级升高,但最多不超过 5 级。常见的域名格式为:主机名. 网络名. 机构名. 顶级域名。

域名只能使用字母、数字和连字符,并且要以字母或数字开头和结尾,总长度不超过 255 个字符。常见的域名(及其含义)有:. com(商业组织)、. net(网络服务机构)、. org(非营利性组织)、. edu(教育机构)、. gov(政府部门)、. cn(中国)。

一台联网的主机,可以没有域名,也可以有多个域名。当主机从一个物理网络迁移到另一个时,其 IP 地址必须改变,而域名可以不变。一般情况下,只有服务器才使用域名,而且每个域名都是全球唯一的,非经法定机构注册不得使用。

把域名翻译成 IP 地址的软件称为域名系统(domain name system,简称 DNS),可以自动通过域名查找 IP 地址或反向查找。运行域名系统的主机是域名服务器(domain name server,简称 DNS)。一般情况下,每一个网络都要设置一个域名服务器,用来实现入网主机域名与 IP 地址之间的转换,并且需要在本地域名服务器和上级域名服务器之间建立链接。

4.3.4 互联网的接入

接入互联网的方式多种多样,一般都是通过 ISP 提供的互联网接入服务接入的,主要的方法有:电话拨号接入、ADSL 接入、有线电视网接入、光纤接入和无线接入。

1. 电话拨号接入

这是一种利用本地电话网络,用户通过调制解调器拨号连接互联网的方式。这种方法的数据传输带宽只有 56kbps、上网时不能通电话、要按连接时长计费,现在几乎已经无人使用。

2. ADSL 接入

ADSL 即不对称数字用户线,是接入互联网的主要方式之一。因为普通用户上网时接收数据远多于发送数据,所以 ADSL 提供的下行数据流带宽远高于上行流,这也是称之"不对称"的原因。

ADSL 仍然利用普通电话网络,只需安装 ADSL MODEM 即可实现数据的高速传输。通过 ADSL 上网的同时可以打电话,两者互不影响,且上网时不需要另交电话费。

ADSL 的数据传输速率是根据线路情况自动调整的，以"尽力而为"的方式进行数据传输。

3. 有线电视网接入

当前，有线电视（CATV）系统已经广泛采用光纤同轴电缆混合网（HFC）传输电视节目，它具有很大的传输容量，抗干扰性强，既能传输高质量多频道的广播电视节目，又能提供高速数据传输和信息增值服务，还可以进行数字电视点播服务。

借助于电缆调制解调器（cable modem），用户可以通过 HFC 接入互联网。电缆调制解调器将同轴电缆上的整个频带划分为三个部分，分别用于数据上传、数据下载和电视节目下载，三者互不影响，上网的同时仍然可以收看电视节目。

电缆调制解调器接入技术的成本低，可永久连接。但是同一小区的网络用户共同分享有限带宽，当上网用户数目较多时，各个用户所得到的有效带宽会急剧下降。

4. 光纤接入

光纤接入就是以光纤为主要传输介质的互联网接入系统，收发两端要使用光调制解调器分别进行信号的电/光转换和光/电转换。我国目前普遍采用"光纤到楼，以太网入户"（FTTx＋ETTH）的方法，以千（万）兆位光纤以太网作为城域网的干线，实现 1000M 以太网到大楼，再通过 100M 以太网入户。

5. 无线接入

随着无线通信技术的发展，用户能够随时随地接入的移动物联网已被广泛使用。常用的无线接入方法有无线局域网（WLAN）接入和 4G 移动电话网接入。

无线局域网在 4.2.3 中已经介绍过。目前，采用 IEEE 802.11 协议的 WLAN 技术日益成熟，校园、商场、酒店、车站、机场等都已部署了 WiFi 接入点。个人用户在家中也能通过无线路由器将计算机、手机等各种智能设备接入互联网。

4G 接入互联网的速度虽然不及 WiFi，但是覆盖范围远远超过 WiFi。不过，目前的流量资费还是偏高。

随身 WiFi，其实就是 4G 无线路由器。它通过移动通信运营商提供的 SIM 卡，组成一个可以移动的 WiFi 收发信号源，将 PC、手机等移动终端连接到互联网上，以满足旅行时的需求。

4.4 互联网提供的服务

互联网为人们提供着各种各样的服务，即时通信、网页浏览、网上购物、网络游戏、网络视频等都已经成了人们日常生活的一部分。

4.4.1 互联网通信

1. 电子邮件（E-mail）

1）电子邮箱及其地址

电子邮件是互联网上广泛使用的一种通信服务，其工作流程和传统的邮政服务大体相同,但更为方便快捷、安全可靠、成本低廉。

用户向某个电子邮件服务提供商(如163、qq、Gmail等)申请开户后,即可在其电子邮件服务器中拥有一个属于自己的电子邮箱。每个电子邮箱都有一个唯一的邮箱地址,其格式为:邮箱名@邮件服务器域名。

2) 电子邮件的组成

一封电子邮件一般由三部分组成:邮件的头部,包括发送方地址、接收方地址(可多个)、抄送地址(可多个)、邮件主题等信息;邮件的正文,即邮件的内容;邮件的附件,可以包含若干个各种类型的文件。由于大多数邮件系统支持MIME协议,邮件的内容可以是文本,也可以包含图片、声音、视频、超链接等。

3) 电子邮件的收发过程(图4-10)

电子邮件系统采用C/S(客户/服务器)模式工作。首先,用户通过电子邮件客户端软件或浏览器形式编辑邮件。当发送邮件时,客户端将按照SMTP(简单邮件传输协议)与发信人的邮件服务器建立连接,再与收信人邮件服务器连接。如果收信人邮箱确实存在,邮件会被传送给收信人的邮件服务器,否则邮件将会被退回。收信人可以随时连接检查自己的邮件服务器,以POP3(邮局协议第3版)或IMAP4(交互式数据消息访问协议第4版)接收邮件。

图4-10 电子邮件的收发过程

2. 即时通信(instant messaging,简称IM)

即时通信就是实时通信,是互联网提供的一种允许人们实时快速交换信息的通信服务,采用P2P和C/S混合的模式。与电子邮件的异步通信方式不同,即时通信属于同步通信(兼有异步通信功能),需要通信双方(或多方)同时在线。

即时通信起源于1996年三位以色列开发者制作的ICQ(谐音I seek you)。目前,国内外广泛使用的有腾讯QQ和微信、微软Skype、Facebook等。

3. 文件传输服务(FTP)

把网络上一台计算机中的文件移动或拷贝到另外一台计算机上,称为文件传输(file transport protocol),简称FTP。FTP规定,需要传输文件的两台计算机应按照C/S模式工作,提出文件传输要求的发起方运行FTP客户程序,另一方运行FTP服务器程序,双方协同完成文件传输任务。进行FTP文件传输时,可以一次传输若干个文件或文件夹。如果权限允许,还可以对服务器中的文件进行各种常规操作,如浏览、改名、新建、删除等。

除了使用客户端外,用户也能通过浏览器访问FTP服务器(但是这种方法速度慢且不安全),方法是在浏览器的地址栏中输入如下格式的URL地址:

FTP://[用户名:口令@]FTP服务器域名[:端口号]

互联网上还有许多匿名FTP服务器,用户可以用"anonymous"作为用户名,用电子邮件地址作为口令(或者免口令)进行登录,通常只有查看和下载文件的权限。

4.4.2 WWW信息服务

WWW(world wide web)也称万维网、3W网、Web网等,最初由欧洲核物理研究中心(CERN)提出,目前是互联网上使用最广泛的服务之一。WWW由遍布在互联网上的Web服务器和安装了浏览器软件的客户机组成。

1. 网站和网页

通过Web服务器发布的信息资源称为网页(web page),服务器中相关网页组合在一起构成一个网站(website),网站由Web服务器管理。人们通过浏览器访问网站,获取所需要的信息或网络服务,每个网站都有自己的域名(在4.3.3中已经介绍过)。

网页是一种由超文本标记语言(hyper text markup language,简称HTML)描述的超文本文件,由文字、图像、音频、视频、脚本程序等组成,其文件扩展名为html或htm。超链接提供了将网页相互链接起来、并从一个网页方便地访问其他网页的手段。超链接的链源(也称为锚或锚点,是超链接的起点)可以是网页中的文字或图片;超链接的链宿(超链接的目标)可以是同一个或另一个网站中的某个网页(用URL指出),也可以是本网页内的某段文字或某个图片(用书签指出)。

一般情况下,当鼠标指针指向网页中的链源时,指针会由箭头改变为手指状。单击左键,浏览器将立即转去访问该超链接的链宿。

网页可使用专门的软件如FrontPage、DreamWeaver进行制作,也可以使用Word、Excel、PowerPoint等软件制作,或者从.doc或.ppt文档转换而成。

网站中的起始网页称为主页(homepage),用户通过访问主页就可直接或者间接地访问网站中的其他网页。

2. URL和HTTP协议

URL俗称"网址",是互联网上标准资源的地址。互联网上的每个文件都有一个唯一的URL,用来指出信息资源的位置以及浏览器该如何处理。URL的表现形式为:

http://域名或IP地址[:端口号]/文件路径/文件名

其中,http是超文本传输协议(Hyper Text Transport Protocol),表示向Web服务器请求将某个网页传输给用户的浏览器,此处也可以变更为其他互联网应用层协议;域名或IP地址指向提供服务的服务器;端口号通常是默认的,如Web服务器的端口号为80、FTP服务器的端口号为21;文件路径和文件名就是目标文件在服务器硬盘中的文件夹位置和文件名,缺省时则以index.html或default.html为默认值,指向该网站的首页。

HTTP协议传输的数据是未加密的,目前主流网站都使用安全的超文本传输协议HTTPS来代替HTTP。HTTPS提供了身份认证和加密通信,安全性较高。

3. Web 浏览器

WWW 采用 C/S 模式工作。Web 服务器上运行着 Web 服务器程序,负责提供信息资源(网页);用户计算机上运行着 Web 客户机程序(浏览器),负责网页请求和网页浏览。

Web 浏览器(browser)软件通常由一组客户程序、一组解释器和一个管理它们的控制程序所组成。通过安装插件(plug-in),用户能够扩展浏览器的功能。目前常用的浏览器有微软的 IE 和 Edge、谷歌的 Chrome、Mozilla 的火狐(Firefox)、苹果的 Safari 等,国产的浏览器如 QQ 浏览器、360 浏览器、百度浏览器、搜狗浏览器等一般都以 Chrome 或 Firefox 为内核。

除了 Web 信息服务外,浏览器还可以完成许多其他的互联网服务(不同的服务需变更 URL 中的协议名):

(1) 电子邮件(mailto:),执行 SMTP 协议,向指定邮箱地址发送电子邮件;

(2) 文件传输(ftp:),执行 FTP 协议,进行文件传输操作;

(3) 新闻服务(news:),执行 NNTP 协议,获取网络新闻服务;

(4) 远程登录(telnet:),执行 Telnet 协议,登录到远程计算机上,使用其软硬件资源、控制操作或进行问题诊断。

4. Web 信息检索

Web 信息检索工具有两种:主题目录和搜索引擎。

(1) 主题目录一般由门户网站提供,只对分类名和内容简介进行关键词检索,有助于逐步缩小检索范围,质量较高但信息量较小、速度较慢。

(2) 搜索引擎具有庞大的全文索引数据库,适用于难以查找的或者主题比较模糊的信息。除了网页和文档检索外,一些搜索引擎还提供图片检索、音乐检索、视频检索、地图检索、学术检索、购物检索等多种功能。搜索引擎是近些年来最热门的应用之一,常用的搜索引擎有谷歌的 Google、微软的 Bing(必应)、俄罗斯的 Yandex、搜狗公司的 Sogou、百度公司的 Baidu 等。

4.4.3 Web 信息处理系统

1. 静态网页与动态网页

静态网页指内容基本不变的网页(除非更新修改并重新发布)。当浏览器请求静态网页时,服务器直接从硬盘中读出 HTML 文档并传给浏览器即可。其优点是简单、响应快,适用于较少更新的展示型网站,不适用于金融、天气、电子商务等场合。

动态网页的内容是在浏览器请求时,服务器根据当时实际的数据临时生成的,不同用户、不同时刻得到的内容可能并不相同。动态网页由 HTML 文档及其内嵌的 ASP、PHP 或 JSP 等脚本语言编写的程序组成,Web 服务器通过执行脚本程序而生成 HTML 网页。大型 Web 应用中的数据都存放在后台的数据库服务器中,因此在生成动态网页的过程中,Web 服务器还需要访问数据库服务器。

2. Web 信息处理系统的组成

静态网页采用 C/S 模式即可,但是动态网页则需要采用客户机(浏览器)/Web 服务器/数据库服务器的三层结构(模式),如图 4-11 所示,其英文缩写是 B/S 或 C/S/S。

图 4-11　B/S 三层结构(模式)

对于需要访问后台数据库服务器的动态网页,处在第 2 层的 Web 服务器要通过数据库标准接口 ODBC 或 JDBC 直接访问第 3 层的(若干个异构的)数据库服务器。

4.5　网络信息安全

随着互联网、移动互联网的发展,人们在享受到越来越便利的服务同时,面临的信息安全问题也越来越严峻。常见的信息安全威胁有传输中断、信息窃听、信息篡改、伪造信息等。传输中断影响信息的可用性,信息窃听危害信息的机密性,信息篡改破坏信息的完整性,伪造信息损害信息的真实性。

为保证网络信息安全,通常会采取如下措施:
(1) 真实性鉴别,对通信双方的身份和所传送信息的真伪能准确地进行鉴别;
(2) 访问控制,控制用户对信息等资源的访问权限,防止未经授权使用资源;
(3) 数据加密,保护数据秘密,未经授权其内容不会显露;
(4) 数据完整性验证,保护数据不被非法修改,使数据在传送前、后保持完全相同;
(5) 数据可用性保障,保护数据在任何情况(包括系统故障)下不会丢失;
(6) 防止否认,防止接收方或发送方抵赖;
(7) 审计管理,监督用户活动、记录用户操作等,以备事后追究时使用。

4.5.1　数据加密和数字签名

1. 数据加密

为了保障网络通信中数据的机密性,必须对传输的数据进行加密。加密的基本思想是发送方改变原始信息中符号的排列方式,或按照某种规律替换部分或全部符号,使得只有合法的接收方通过数据解密才能读懂接收到的信息。数据加密目前仍是计算机系统对信息进行保护的最可靠的一种方法,也是其他许多安全措施的基础。

一个加密系统包括4个组成部分:明文、密文、加密/解密算法、加密/解密密钥。如图4-12所示。

(1) 明文,即未经加密的原始数据。

(2) 密文,即明文经过加密之后的数据,是加密算法的输出信息。

(3) 加密/解密算法,即加密/解密时所采用的变换方法。加密/解密算法有很多种,复杂程度和加密能力各有不同,但一般而言都是公开的。

(4) 加密/解密密钥,一般是由数字、字母或特殊符号组成的字符串,用于控制加密/解密的过程。密钥都是不公开的。

图4-12 加密系统的组成

加密/解密算法可以分为两大类:对称加密算法和非对称加密算法。

对称加密算法的收发双方使用相同的密钥,如 DES、IDEA。这种方法计算量适中,速度快,适用于对大数据量消息加密,但是密钥的分配和管理很困难。

非对称加密算法的收发双方使用不同的密钥,而且两者互相推导不出,如公共密钥加密算法(公钥/私钥加密算法)RSA。这种方法密钥的分配和管理比较方便,但是速度慢,不适用于大数据量的加密。

不管哪种加密算法,其强度都与使用的密钥长度密切相关。密钥越长就越难被破解。需要注意的是,不同的场合要使用不同的加密算法,并不是任何时候密钥(密码)都越长越好。

2. 数字签名

数字签名是在通信过程中附加在消息上,并伴随消息一起发送的、他人无法伪造的一串代码。数字签名是非对称密钥加密技术与数字摘要技术的结合,一套数字签名通常具备两种互补的作用:一种用于签名,证实发送者身份的真实性;另一个用于验证,确保消息传输的完整性。例如,发送电子邮件时,可以通过添加数字签名的方式,确保通信各方身份的真实性,以及文档内容的完整性。

数字签名在电子商务、电子政务等领域中应用已越来越普遍。我国法律规定,数字签名与手写签名或盖章具有同等的效力。

4.5.2 身份认证、数字证书和访问控制

1. 身份认证

身份认证就是证实某人的真实身份与其所声称的身份是否相符,以防止欺诈和假冒。

常用的身份认证方法可分为三类：
(1) 只有鉴别对象本人才知道的信息（如口令、私钥、手机验证码等）；
(2) 只有鉴别对象本人才具有的信物（也叫令牌，如磁卡、IC 卡、U 盾等）；
(3) 只有鉴别对象本人才具有的生理特征（如指纹、声音识别、人脸识别等）。

最简单最常用的身份认证方法是口令，即账号密码。这种方法的安全性不高，很容易泄露，也很容易被猜中、被窃听、被破解。所以在使用口令作为身份认证时，要注意采用尽量长的强密码（同时包含大小写字母、数字、符号），不要与用户的个人特征（如生日、电话号码）相关，并且注意定期修改。

采用信物进行身份认证的缺点是，万一丢失信物将导致他人能轻易假冒。

采用生理特征进行身份认证的做法，如指纹识别和人脸识别，现在在智能手机上非常流行。这种认证在个人设备上使用时不需要联网。

目前许多应用为安全起见，往往采用双因素甚至多因素认证。例如手机支付时，首先需要手机，然后需要解锁密码或指纹（人脸）识别，有的还需要输入短信验证码。

2. 数字证书

在一些安全性要求很高的场合，可以使用数字证书进行身份认证。数字证书是经过权威的证书授权机构——认证中心（certificate authority，简称 CA）审核签发的，其中包含了公钥和数字签名。软件形式的数字证书，在申请批准后需要安装才能使用；而硬件形式的数字证书，其实是在特制的 U 盘中存放了数字证书，使用时需要插入电脑的 USB 接口。数字签名只在特定的时间段内有效。

数字签名能在通信过程中验证通信各方的身份，可以对传输的消息进行加密和解密，确保机密性、完整性和真实性。

3. 访问控制

访问控制是指计算机对系统内的每个信息资源规定各个用户或用户组对它的操作权限，包括是否可读、是否可写、是否可修改等。访问控制是在身份鉴别的基础上进行的。

访问控制的任务包括：对所有信息资源进行集中管理；对信息资源的控制没有二义性（各种规定互不冲突）；有审计功能（记录所有访问活动，事后可以核查）。

4.5.3 防火墙与入侵检测

随着互联网和移动互联网应用的不断普及，网络的风险也不断增加。攻击者的工具和手法日趋复杂多样，给无数用户带来了巨大的损失，甚至直接威胁到了国家安全。应对网络攻击和非法入侵，防火墙和入侵检测是非常有效的措施。

1. 防火墙

防火墙是用于将因特网的子网（最小子网是 1 台计算机）与因特网的其余部分相隔离，以维护网络信息安全的一种软件或硬件设备。它位于内外网之间，对进出的所有信息进行扫描，确保进入子网和流出子网的信息的合法性。防火墙还能过滤掉黑客的攻击，关闭不使用的端口，禁止特定端口流出信息等。防火墙有软硬件多种类型。有独立产品，也有集成在路由器中的，还有的以软件模块形式整合在操作系统中（如 Windows 自带的防火墙）。

防火墙对保护内网中计算机信息安全有一定的作用。但是防火墙不能防止木马/后门程序窃取信息,也不能防范内网中发起的攻击。如果黑客利用某些漏洞或工具窃取了口令,获得了文件访问权限,就能对内网的计算机系统造成严重危害,而防火墙对此无能为力。

2. 入侵检测

入侵检测(intrusion detection)是主动保护系统免受攻击的一种网络安全技术。它通过在网络若干关键点上监听和收集信息并对其进行分析,从中发现问题,及时进行报警、阻断和审计跟踪。

入侵检测是防火墙的有效补充,它可检测来自内部的攻击和越权访问,而防火墙只能防外。入侵检测还可以有效防范利用防火墙开放的服务进行入侵。

4.5.4 计算机病毒防范

1. 计算机病毒

计算机病毒是有人蓄意编制的一种具有自我复制能力的、寄生性的、破坏性的计算机程序。计算机病毒能在计算机中生存,通过自我复制进行传播,在一定条件下被激活,从而给计算机系统造成损害甚至严重破坏系统中的软件、硬件和数据资源。

计算机病毒与生物病毒类似,具有破坏性、隐蔽性、传染性和传播性、潜伏性等特点。而另一种特殊的计算机病毒——木马,能偷偷记录用户的键盘操作,盗窃用户账号(如游戏账号、股票账号、网银账号)、密码和关键数据,甚至使"中马"的电脑被别有用心者所操控,安全和隐私完全失去保证。

2. 防范措施

防范计算机病毒最常用的方法是使用专门的杀毒软件,但是杀毒软件也有缺陷:开发与更新总是滞后于新病毒的出现,因此不能确保百分之百的安全;需要不断更新,才能保证其有效性;运行时占用系统资源等。

比较好的做法是查杀与预防相结合。例如,及时更新操作系统和应用软件;不使用来历不明的软件;不轻易打开来历不明的短信、邮件和附件;安装杀毒软件和防火墙软件并及时更新病毒库;经常和及时地做好系统及关键数据的备份工作。

自 测 题 4

1. 传输电视信号的有线电视系统,所采用的信道复用技术一般是_____多路复用。

   A. 时分　　　　　B. 频分　　　　　C. 码分　　　　　D. 波分

2. 下面关于目前最常用的无线通信信道的说法中,错误的是_____。

   A. 无线电波可用于传输模拟信号,也可以用于传输数字信号
   B. 利用微波可将信息集中向某个方向进行定向信息传输,以防止他人截取信号
   C. 短波通信不局限于一个小的区域
   D. 激光能在长距离内保持聚焦并能穿透物体,因而可以传输很远的距离

3. 采用分组交换技术传输数据时必须把数据拆分成若干包(分组)，每个包(分组)由若干部分组成，_____不是其组成部分。
   A. 需传输的数据　　　　　　　　B. 包(分组)的编号
   C. 传输介质类型　　　　　　　　D. 送达的目的计算机地址
4. 关于计算机组网的目的，下列描述中不完全正确的是_____。
   A. 进行数据通信　　　　　　　　B. 提高计算机系统的可靠性和可用性
   C. 增强计算机系统的安全性　　　D. 共享网络中的软硬件资源
5. 下列关于共享式以太网的说法，错误的是_____。
   A. 拓扑结构采用总线结构　　　　B. 数据传输的基本单位称为MAC
   C. 以广播方式进行通信　　　　　D. 需使用以太网卡才能接入网络
6. 以太网在传送数据时，将数据分成一个个帧，每个节点每次可传送_____帧。
   A. 1个　　　B. 2个　　　C. 3个　　　D. 视需要而定
7. 下列网络应用中，采用对等模式工作的是_____。
   A. Web信息服务　B. FTP文件服务　C. 网上邻居　D. 打印服务
8. 假设IP地址为62.26.1.254，为了计算出该IP地址的网络号，需要使用_____与该地址进行逻辑乘操作。
   A. 域名　　　B. 子网掩码　　C. 网关地址　　D. DHCP
9. 路由器的主要功能是_____。
   A. 将有线网络与无线网络进行互连
   B. 将多个异构或同构的物理网络进行互连
   C. 放大传输信号，实现远距离数据传输
   D. 用于传输层及以上各层的协议转换
10. 假设192.168.0.1是某个IP地址的"点分十进制"表示，则该IP地址的二进制表示中最高3位一定是_____。
    A. 011　　　B. 100　　　C. 101　　　D. 110
11. 用户开机后，在未进行任何操作时，发现本地计算机正在上传数据，不可能的原因是_____。
    A. 上传本机已下载的视频数据
    B. 上传本机已下载的"病毒库"
    C. 本地计算机感染病毒，上传本地计算机的敏感信息
    D. 上传本机主板上BIOS ROM中的程序代码
12. 因特网中的每台路由器中都有路由表，下面有关路由表的叙述中，错误的是_____。
    A. 路由表中存放的是路由信息，即"到哪里去该从哪个出口走"的信息
    B. 路由表用来表示目的地IP地址与输出端口的关系
    C. 路由表内容是固定不变的，因此可通过硬件实现
    D. 路由表是IP包到达目的地所必需的

13. IP 地址 129.66.51.37 的_____部分表示网络号。
    A. 129.66.51   B. 129   C. 129.66   D. 37
14. 在以符号名为代表的因特网主机域名中,代表企业单位的第 2 级域名大多是_____。
    A. COM   B. NET   C. EDU   D. GOV
15. 一台 PC 机不能通过域名访问任何 WEB 服务器,但可以通过网站 IP 地址访问,最有可能的原因是_____。
    A. 浏览器故障   B. 本机硬件故障
    C. DNS 服务器故障   D. 网卡驱动故障
16. 用户可以向 FTP 服务器上传一个新文件,但不能上传覆盖一个已存在的同名文件,最可能的原因是_____。
    A. FTP 服务器软件错误   B. 受 FTP 服务器设置的访问权限限制
    C. FTP 客户机软件错误   D. FTP 服务器空间不足
17. 下列关于 4G 上网的叙述中,错误的是_____。
    A. 4G 上网比 3G 的速度快
    B. 目前我国 4G 上网的速度已达到 1000M
    C. 4G 上网的覆盖范围较 WLAN 大得多
    D. 4G 上网属于无线接入方式
18. 在 Internet 提供的下列服务中,通常不需用户输入账号和口令的服务是_____。
    A. FTP 文件传输服务   B. 网页浏览服务
    C. Telnet 远程登录服务   D. E-mail 电子邮件服务
19. 若发信人的电子邮件发送成功,接信人的电脑还没有开机,电子邮件将_____。
    A. 保存在接信人邮件服务器中 B. 丢失
    C. 过一会儿再重新发送   D. 退回给发信人
20. 在利用 ADSL 和无线路由器组建无线局域网时,下列关于无线路由器(交换机)设置的叙述中,错误的是_____。
    A. 必须设置无线上网的有效登录密码
    B. 必须设置上网方式为 ADSL 虚拟拨号
    C. 必须设置 ADSL 上网账号和口令
    D. 必须设置无线接入的 PC 机获取 IP 地址的方式

延 展 阅 读

一、越过大洋的第一次通话

1837 年,电报第一次使以往彼此隔绝的人类能同时获悉世界上发生的事,世界的面貌发生了根本的变化。1851年11月13日,英国和欧洲联系在一起了。只用了几年工夫,英格兰和爱尔兰,丹麦和瑞典,科西嘉岛和欧洲大陆,都建立了电报联系,同时人们已在探索要把埃及和印度同欧洲的电报网联系起来。

但是美洲还始终被排斥在这种世界性的电报网之外。因为无论是大西洋还是太平洋,它们都是如此浩瀚,要在洋面上设立中间站根本是不可能的,而一根电线又怎能跨越这样两个大洋呢?各种因素尚未为人所知,各项条件也都不具备。

正当学者们迟疑犹豫的时候,一个并非学者出身的人的那种淳朴的勇气却大大推动了这项计划。1854年,出于纯粹偶然的机会,一个名叫赛勒斯·韦斯特·菲尔德的年轻人站了出来。他既非技师又非专家,对于电更是一窍不通,也从未见过什么电缆。但是,在这位富于冒险精神的美国人的心中却充满热烈的信念,他把目光投向远方:为什么不能通过海底电缆把美国和爱尔兰联系起来呢?赛勒斯·韦斯特·菲尔德以排除万难的决心着手这项工作,毅然决然为实现这一事业把自己的全部精力和所有财产都贡献出来。

1. 筹备

赛勒斯·韦斯特·菲尔德用难以置信的精力投身到这一事业中去。他和所有的专家建立了联系;恳请与此有关的政府给予开发权;为了筹措必要的资金,他在欧美两洲展开了一场征集活动。35万英镑的原始启动资金在英国几天之内就被认购完了。英国政府为此提供了它的最大的战舰之一——在塞瓦斯托波尔战役中曾做过旗舰的"阿伽门农"号,美国政府提供了一艘五千吨级的三桅战舰"尼亚加拉"号(这在当时是最大的吨位了)。

不过,技术上究竟如何实施,没有任何先例可循。为了说明这项工程的巨大规模,这样的比方是最形象不过了:绕在电缆里的36.7万英里长的单股铜铁丝可以绕地球13圈,如果连成一根线,能把地球和月球连接起来。自从《圣经》上记载有通天塔以来,人类没有敢去想还有比它更宏伟的工程。但是仍然有人敢干!

2. 初航

隆隆的机器声响了一年,启航的一切工作终于准备就绪。最优秀的电气专家和技术专家,其中包括塞缪尔·莫尔斯,都集中在船上,以便在整个铺设过程中始终用仪器进行监测电流是否中断。新闻记者和画家们也都到船队上来,为的是要用语言和画笔描写这一次自哥伦布和麦哲伦以来最激动人心的远航。

1857年8月5日,在爱尔兰瓦伦西亚的一个小海港,数百条舢板和小船团团围住这一支前去铺设海底电缆的船队,为的是要目睹这一具有世界历史意义的时刻。人类最大胆的梦想之一正试探着要变成现实。

从大陆出发把电缆铺设到大西洋中部的任务交给了两艘船中的"尼亚加拉"号。船越驶越远,电缆不停不歇地从船体的龙骨后面沉入大海。在一间特别舱室里坐着电学专家,在仔细倾听,一直和爱尔兰的陆地交换着信号,虽然海岸早已望不见,但从水底电缆传来的电报信号依然十分清晰。

8月11日晚上,电缆突然从绞盘上滑落下去。要想马上找到那扯断的一头显然是不可能的,要想现在找到掉在深水里的那一头并重新捞上来,更是不可能。可怕的意外事故就这样发生了。一个小小的技术差错毁掉了几年的工作。这些出发时雄赳赳气昂昂的人现在却要作为失败者回到英国去。一切信号突然沉寂的坏消息也早已在英国传开。

3. 再次失败

唯一不动摇的人是赛勒斯·韦斯特·菲尔德。他损失了三百多海里长的电缆,约十万英镑的股本以及整整一年的时间。因为只有到明年夏季才能指望有出航的好天气。但在另一张纸上他又记着一笔小小的收获:第一次试验中获得的许多实践经验,电缆本身被证明是可用的。只是放缆机必须进行改装,这次电缆倒霉地折断,就是放缆机出的毛病。

等待和准备的一年就这样又过去了。1858 年 6 月 10 日,仍旧是这两艘船,带着新的勇气、载着旧的电缆再次启航。这一次的方案是在大西洋中部开始,分别向两岸铺设电缆。最初几天平平常常地过去了。因为要到第七天才在预先计算好的地点开始铺设电缆——正式的工作才算开始。

然而第四天,暴风雨来了。"阿伽门农"号在经受了种种不可名状的考验之后总算熬过了十天的狂风巨浪,尽管晚了许多时间,终于能够在预先约定的洋面上和其他船只相会,并且在那里开始铺设电缆。可是这才发觉,这批绕着数千圈电缆的宝贵而又容易弄伤的货物受到了严重损坏。尽管如此,船上的人还是抱着一线希望试了几次,想把这样的电缆铺下去,但结果却是白白扔掉了大约两百海里的电缆,它们像废物似地消失在大海中。第二次试验又失败了,他们灰溜溜地回来了。

4. 第三次航行

伦敦的股东们已经知道了这不幸的消息,两次航行已消耗掉股本的一半,可是什么结果也没有。董事长主张把那些剩下的电缆即便是赔本也要卖掉,副董事长也附和他的意见,并递交了一份书面辞职书。但是,赛勒斯·韦斯特·菲尔德的决心并没有因此而动摇。他说,只是需要勇气,再一次的勇气!要么现在敢于做最后一次试验,要么永远失去机会。

强大的意志最后总是能拖着犹豫不决的人向前跑,在赛勒斯·韦斯特·菲尔德的促使下,终于再次出航。1858 年 7 月 17 日,船队第三次离开了英国的海港,这次启航完全没人注意。11 天以后,7 月 28 日——正好是约定的那一天,"阿伽门农"号和"尼亚加拉"号在大西洋中部约定的地点开始了这项伟大的工作。这一次终于成功了,人类已经能够第一次把声音从这个大陆传到那个大陆——从美洲传到欧洲。

5. 一片欢呼

在 8 月的最初几天,旧大陆和新大陆几乎在同一个小时获悉这一事业成功的消息;它所产生的反响是难以形容的。赛勒斯·韦斯特·菲尔德,一个名不见经传的人一夜之间成了国家的英雄,把他同富兰克林和哥伦布相提并论。这的确是史无前例的胜利,因为自从地球上开始有种种思想以来,还从未有过这种情况:一个想法能在同一时间内以自己同样的速度飞越过大洋。此时此刻赛勒斯·韦斯特·菲尔德成了美国最光荣、最受崇拜的人物。

6. 沉重的十字架

可是,8 月 31 日大西洋的电缆停止了工作,大洋彼岸再也没有传来清晰的声音,再也没有传来纯正的电流振荡。

欢呼的浪潮就像反冲回来似地一齐气势汹汹地扑向赛勒斯·韦斯特·菲尔德，说他欺骗了一个城市、一个国家、一个世界。赛勒斯·韦斯特·菲尔德，这个昨天还被当作民族英雄、富兰克林的兄弟和哥伦布的后继者的人，现在却不得不像一个罪犯似地躲避他昔日的朋友和崇拜者，这根没有用的电缆像传说中的一条环绕地球的巨蟒躺在大洋底下见不到的深处。

7. 六年沉寂

这条被人遗忘了的电缆在大洋底下毫无用处地躺了六年。在这六年期间，两大洲之间又恢复了原来冷冷清清的沉寂。但这六年时间里，发电机的功率愈来愈大，制造也愈来愈精致，电的应用愈来愈广泛，电的仪器愈来愈精密。电报网已经遍布各大洲的内陆，并且已越过地中海把非洲和欧洲联系起来。

这时的赛勒斯·韦斯特·菲尔德，又站了起来，他第30次远渡大西洋，重新出现在伦敦；他用一笔60万英镑的新资金获得了旧的经营权。而现在供他使用的终于是那艘梦寐以求的巨轮——著名的"伟大的东方人"号。

1865年7月23日，这艘装载着新电缆的巨型海轮离开泰晤士河。尽管第一次试验又失败了——在铺到目的地的前两天电缆又断裂了，那永远填不饱的大西洋又吞下了60万英镑。但是当时的技术对完成这一事业是确有把握的，因而没有使人丧失信心。1866年7月13日，"伟大的东方人"号第二次出航，终获成功。从那时那刻起，地球仿佛在用一个心脏跳动；生活在地球上的人类能从地球的这一边同时听到、看到、了解到地球的另一边。人类通过自己创造性的力量，战胜了空间和时间。

（本篇改编自茨威格著，舒昌善译，《人类的群星闪耀时》，三联书店，2015年版）

二、万维网之父

20世纪80年代，欧洲粒子物理研究所(CERN)已经汇集了来自世界各地的上万名科学家，研究资料不计其数，大量不同格式、不同语言的信息带来越来越多的问题。1984年，29岁的蒂姆·伯纳斯-李(Sir Timothy John Berners-Lee，昵称Tim Berners-Lee)成为CERN的永久成员，负责开发一个新的信息系统以解决信息爆炸的问题。

1989年，借用了已有的"超文本"概念，蒂姆·伯纳斯-李开发出了一个通用的格式语言HTML和超文本传输协议HTTP，使之能用在现成的互联网上。他还设计了负责响应用户请求的服务器和让用户提取、浏览文件的浏览器。在他的这个系统中，每一个文件（资源）都有一个唯一的地址URL(统一资源定位)，从而开启了一个时代。

1989年底，蒂姆·伯纳斯-李将这个发明命名为"world wide web(万维网)"，也就是如今我们再熟悉不过的"WWW"。这个发明是相当有分量的，蒂姆完全可以借此成为超级富翁。但是他却没有这样做，而是在1991年发布了万维网的源代码。到1992年HTML这种网络语言开始在全世界流行起来。最终，不断壮大的用户群和能传播到世界各地的知识，使得万维网真正诞生了。当时业内也有其他能够连接数据和文件的信息系统，但万维网之所以广受欢迎，是因为它独具的通用性，只要有电脑，谁都能上万维网，并且谁都能在源代码的基础之上按自己的想法进行改动。

当时蒂姆的信念就是，万维网要和收费、会员、权限等名词划清界限，秉承着"自由开放"的原则，不受制于任何的公司或个人。用户可以形成一个"自由开放的社群"，在互联网中尽情挥洒，施展自己的想法。所以那时的互联网是一个真正"去中心化"的世界，任何用户都能在这个虚拟世界中畅所欲言，并且链接到任何其他的网站。

2019年初，创刊120周年的《麻省理工科技评论》在北京召开了 EmTech China 2019 全球新兴科技峰会。峰会邀请了来自全球的709位顶尖科学家与公司的领军人物。其中就有曾被《时代》杂志评为100名最伟大的科学家之一的"万维网之父"蒂姆·伯纳斯-李。

不过这位"万维网之父"在言谈间却显露出对当今互联网发展状况的不满。他认为如今的互联网背离了创立时的初衷，我们已经开始失去了互联网的精神，而且这是很多人都没有意识到的。

互联网的初衷，也是它最有价值之处，那就是赋予了人们平等地获取信息的权利。万维网的创立初衷也同样如此，帮助人们整理现有的知识，让人们看到他们所未知的世界。所以"万维网之父"拒绝用万维网获得利益，拒绝屏障，拒绝将其"精英化"。而今互联网能和我们的生活息息相关，也正是得益于此。

然而，现实情况表明，互联网行业需要达到垄断才能获得最大利润。随着网民数量的增长，亚马逊、谷歌、Facebook等互联网巨头开始采集分析用户的上网记录并以此获利。这种"风气"也蔓延开来，互联网中出现了越来越多"成熟"的领域，越来越多的"头部"公司，但这也意味着越来越多的"信息孤岛"和"垄断"，并且这种垄断体现在各方面。

所幸的是，许多互联网从业者也意识到了这种"垄断"的弊端，并为改善这种情况做出了许多努力。蒂姆·伯纳斯-李成立了致力于推动互联网"去中心化"的公司 Inrupt，并且带领 MIT 团队研究开源去中心化网络平台 Solid，希望可以让互联网重回"自由平等"的初衷。

（本篇主要参考"最极客"：《"万维网之父"说互联网已背离初衷，未来还会继续错下去吗？》，钛媒体，2019年1月23日）

三、互联网的本质

1. 互联网就是平台

第一个深刻认识互联网的人是亚马逊的创始人杰夫·贝佐斯（Jeff Bezos，1964—）。由于互联网获取信息快速、便捷和形象的特点，非常适合将商品放到网上销售，电子商务应运而生。不过，在贝佐斯看来，互联网并不仅仅是一个方便购物、能为客户省掉一些中间费用的新媒体，更重要之处在于，它是一种很容易将一个领域成功经验推广到另一个领域的平台，这样一个平台可以节省大量劳动，大大提高整个社会的效率。因此，亚马逊绝不仅仅是一个网上书店或电商，而是一个平台公司。

亚马逊在打造网上书店的同时，积累起了互联网技术和零售业的经验，并将它们成功地推广开来。在贝佐斯看来，互联网是一个非常好的将工程规范化的平台。亚马逊利用互联网这个平台做的另一件事情是将几乎所有的商品搬到互联网上。有了卖书以及为其他线下连锁店建立网店的经验后，亚马逊最终建立起了世界上最大的"网店"。亚马逊在全球有很多的"仓储中心",每个仓储中心都有好几个足球场大。在贝佐斯看来,互联网不仅仅是一个小商家们可以开网店的平台,更是一个可以重新整合零售业中各个环节资源的平台。

与亚马逊非常相似的公司还有中国阿里巴巴。

2. 互联网就是信息和数据

讲到互联网,无论是现在和将来,都不能不提 Google 公司,它是互联网时代的巨无霸。当然,它不仅是最大的互联网公司,而且被认为是最好的科技公司,它总是给人以惊喜。从搜索引擎,到安卓操作系统;从可以看清楚地球上每一个角落的地图服务,再到无人驾驶汽车。在这一切的背后则是数据和信息。

Google 的创始人和工程师们,把"互联网就是信息和数据"这个朴素的想法上升成了 Google 的使命,即"整合全球信息,使人人皆可访问并从中受益"。为了实现这个目标,Google 在很多城市提供免费的 WiFi 服务,大力发展包括 Android 操作系统在内的智能手机技术,并且努力让光纤连到家庭。

相对来讲,Google 的各种服务在界面上是最干净的,但是广告收入却是最高的,这在很多互联网公司看来是不可思议的事情。而这种不理解恰恰说明了两者之间境界的差异。Google 懂得一个道理,就是在一切看似免费的互联网中,什么东西最值钱,那就是人的关注度。Google 的广告系统和其他互联网公司类似产品在理念上的一个根本不同之处,就是其他在线广告是向用户推送,而 Google 则是由用户在有广告需求时拉取。

牢牢把握住用户是 Google 长期立于不败之地的根本原因。和以往的公司不同,Google 严格地将自己的"用户"和自己的"客户"分别开来。用户就是你、我、他这样的每一个人,对于用户,Google 的服务基本上都是免费的。Google 的客户是那些向它付费的广告商和使用其云计算增值服务的企业,对于企业是收取费用的。当用户的利益和客户的利益发生冲突时,绝大多数早期互联网公司的做法是维护客户利益,其结果就是在网站上放满了广告。而 Google 的原则是先保证用户的利益。Google 认为,只要用户在自己的手里,客户即使有流失也会再回来,而没了用户就什么都没了。这样,尽可能地获取广大的用户,不仅成为 Google,也成为有志向的互联网公司的不二选择。而获取用户最好的办法,就是给他们提供最好的免费服务。因此,从一开始,Google 就为用户提供干干净净的搜索服务,不带有商业功利,后来一直坚持这个原则,比如开放并免费提供安卓操作系统。

将用户和客户分开,其实是今天互联网商业模式的精髓。

3. 互联网就是通信

Facebook 不仅是互联网时代的一个奇迹,也是金融史上的一个奇迹,这家每年仅有 20 亿美元利润的公司,居然有将近 2 000 亿美元的市值。

除了社交网络的功能外,Facebook 还为用户和软件开发者提供了一个很方便的网络平台。在这个平台上,任何人不但可以提供内容,而且可以提供服务。按照 Facebook 前总裁帕克的话讲,他们其实不需要知道用户想在 Facebook 上做什么,只是让用户感到"酷",至于在这个平台上用户需要什么,就让他们自己去开发好了。这样,Facebook 就不必承担任何产品决策错误的风险,而是一门心思专注于把这个平台做"酷"、做好。

Facebook 从本质上讲是一家互联网上的"通信"公司。在帮助大家交友和提供平台服务的同时,Facebook 实际上在很大程度上取代了电话和电子邮件成了 30 岁以下的年轻人通信的工具。在很多国家,大学生和高年级高中生每时每刻都挂在 Facebook 上,以便通信,就如同今天中国的手机用户都挂在微信上一样。当然,在互联网时代,通信的形式不只是语音和文字,而且包括多媒体和游戏这些应用。应该承认,在通信功能上,Facebook 做得比其他同类产品要好。

4. 总结

亚马逊、Google 和 Facebook 对互联网有着自己独特却非常深刻的理解,正因如此,他们才能在各自的领域里引领风骚。互联网在本质上讲,除了平台、信息和通信这三个核心,是否还有其他的本质未被发现?现在还没有答案。但是如果有这样一个本质,那么把握住这个本质的小公司就是下一个 Google 或者 Facebook。

(本篇改编自吴军:《文明之光》第三册第二十二章第三节,人民邮电出版社,2015年版)

四、从互联网 2.0 到互联网 3.0

1. 互联网 2.0 时代

互联网 2.0 始于 2000 年前后互联网泡沫破碎之后。在互联网 2.0 时代,网络的基础服务由一些大型的平台级公司,比如 Google 和 Facebook 来提供,而内容服务和各种具体的应用,则由具有专业知识和经验的专业网站提供。

互联网 2.0 的这种服务模式带来了非常大的好处。对于有能力提供优质原创内容的人和公司,他们自己就可以办报纸或者电视台。而对互联网的用户来讲,博客和自媒体新闻的及时性和全面性极大地方便了用户获得新闻或者其他内容。

互联网 2.0 的公司还有很多,概括起来,这些公司都有以下特点:首先,它们是一个平台,可以接受和管理用户提交的内容,并且这些内容是服务的主体。当然,这里面用户的内容不是指在 BBS 灌水,而是实实在在的新闻、信息和基于各种媒体的娱乐内容。其次,这个平台是开放的,方便第三方在这个平台上开发自己的应用程序,并且提供给互联网的用户使用。最后,也是最重要的一条,那就是非竞争性和自足性。互联网 2.0 公司是通过提供交互的网络技术和资源,将互联网用户联系起来,使得这些用户自己提供、拥有和享用各种服务与内容,是一种自足的生态环境。

2. 互联网 3.0 时代

互联网 3.0 最明显的特征就是通过云计算和移动互联网,使得互联网由机器的网络真正变成人的网络。

2006 年到 2008 年,几件事情让互联网迅速向移动化转变。第一件事是在 2006 年 Google 的前 CEO 施密特提出了云计算的概念,并且很快得到了亚马逊和 IBM 的响应。第二件事情是 2007 年夏天,苹果公司推出了它的第一款智能手机 iPhone。第三件事情是在 2007—2008 年,包括中国在内的 40 多个国家都开始了移动网络从 2G 或者 2.5G 向

3G 的升级。很多事情在这短短的两年时间里发生,导致了移动互联网井喷式的发展,很快移动互联网的潮流便席卷全球了。

到 2007 年苹果和 Google 进入智能手机市场时,这些条件都已经具备了,因此这两家公司"轻易地"主导了移动互联网的时代。云计算加上移动互联网,不仅使得人们随时随地访问互联网上的各种信息成了可能,而且信息更加容易分享,并且有助于工作效率的极大提升。获得这一切的便利,用户只需要一个移动终端而已。

在移动互联网时代,互联网乃至 IT 行业的格局发生了变化。2012 年,全球 PC 销量首度下滑,而为移动设备提供芯片的高通公司超过了为 PC 提供处理器的英特尔公司,成为全球市值最大的半导体公司。这两件事情其实意义深远,它标志着以 WinTel 为核心主导 IT 行业长达 20 多年的 PC 时代的结束,而从 PC 时代到移动时代的新旧交替已经完成。

移动互联网不仅改变了 IT 行业的格局,也改变了我们的上网习惯,比如从 PC 移到手机上,从连续几小时泡在网上改成了使用碎片时间上网,等等。不过,更重要的是,移动互联网把互联网从机器的网络变成了人的网络。

在移动互联网时代,几乎所有的移动设备(比如手机)都是和人紧密联系在一起的,因此当互联网连到了这个设备,就等于将这个人连进了互联网,这样移动互联网实际上就将人实实在在地连接了起来。而各种可穿戴式设备将人和互联网更加紧密地联系在了一起。毫不夸张地讲,未来移动互联网必定会取代 PC 互联网,成为互联网时代的主角。而在这个时代,互联网的格局在改变,它的游戏规则也在改变,这对于新进入这个行业的人和公司来讲应该是件好事,因为他们可以和原来的大公司重新站到同一条起跑线上,一切奇迹皆为可能。

(本篇改编自吴军:《文明之光》第三册第二十二章第四节,人民邮电出版社,2015 年版)

五、计算机病毒的起源与发展

早在电子计算机发明以前,冯·诺依曼就在一篇名为《复杂自动装置的理论及组织的进行》的论文中,提出了可自我复制的程序这一概念,而这就是计算机病毒的最早的理论雏形。

1983 年,正在攻读博士学位的弗雷德·科恩(Fred Cohen)写出了拥有可自我复制及感染能力的程序。他发现,这个程序能够在 1 个小时内传遍他的整个电脑系统,快的话只需要 5 分钟。11 月 10 日,他在一个电脑安全研讨会上,公布了自己的研究结果,并且指出:这一类型的程序,可在处于网络中的电脑间传播,这将给许多系统带来广泛和迅速的威胁。他的导师计算机科学家伦纳德·阿德曼(Leonard Adleman)将这一类型的程序命名为计算机病毒。

1986 年初,巴基斯坦的巴锡特和阿贾德编写了"巴基斯坦"病毒,也被称为"C-Brain"病毒。这是一种具有破坏性的病毒,在 DOS 操作系统下运行,会把自己复制到磁盘的引导区里,并且把磁盘上的一些存储空间标记为不可用。"巴基斯坦"病毒在一年之内就流传到了世界各地,并且很快衍生出了很多变种,其中有一些变种造成的损失,比原始病毒造成的损失还大。当时,巴锡特和阿贾德在巴基斯坦当地经营着一家销售 IBM PC 兼容机和软件的小商店，在接受《时代周刊》的采访时曾说，写出这个病毒的初衷，只不过是为了保护自己写出的软件不被盗版而已。

1988年，美国黑客、计算机科学家罗伯特·T·莫里斯(Robert Tappan Morris)写出了世界上第一个通过网络传播的病毒。当时，莫里斯正在康奈尔大学读研究生，他想统计一下当时连接在网络上的计算机的数目，所以就写了一个程序，并且在11月2日从麻省理工学院的一台计算机上释放了出去。考虑到网络管理员们可能会删除掉他的程序，从而让他的统计结果不够准确，所以他就让这个程序有一定的概率对自己进行复制，无论它所在的计算机有没有被感染，都是这样。结果这个程序开始无休止地复制自身，并占据了大量的磁盘空间、运算资源以及网络带宽，最终导致了网络瘫痪和计算机死机。据统计，这个程序直接感染了大约6000台计算机，而间接受到影响的，则包括5个计算机中心和12个地区结点，以及在政府、大学、研究所和企业中的超过25万台计算机。为此，美国国防部马上成立了计算机应急行动小组，来削弱这次事件的影响，并且尽量减少损失。据估计，这个程序造成的经济损失大约在9600万美元左右。人们从这时开始，才第一次意识到计算机病毒能够带来怎样的危害了。计算机病毒就此出现了一个全新的分类——"蠕虫"。

1989年，可执行文件型的病毒出现。这类病毒会把自己复制到可执行文件中，当用户运行这个可执行文件时，病毒就会在内存中复制一份，并且传染那些未被感染的可执行文件。例如"黑色星期五"病毒，每到既是13号又是星期五的日子发作，一旦发作就会破坏计算机里的全部数据。

1992年，出现了"伴随型病毒"。这种病毒会把原来的文件改名，而自己冒充原来的可执行文件。

1994年，幽灵病毒出现了。每次感染时，都会产生出不同的代码，这让过去依据"病毒特征码"来进行查杀的杀毒软件头疼不已。

随后，病毒制造实验室(virus creation lab，简称VCL)出现了。它能够生成上千万种病毒，而且每一种的特征码都不同。由此，病毒生产开始规模壮大了，并且出现了一些专门研究病毒制造技术的组织。

不过，在这一阶段，病毒的制造大都是一些计算机爱好者所为，没有什么利益驱动。设计紧凑而精巧的代码，发现别人没有发现的漏洞并加以利用，是这一阶段病毒发展的主题。

随着Windows 95的推出，Windows病毒也出现了。1998年由台湾人陈盈豪编写了"CIH"病毒，该病毒在每年4月26日发作，其破坏性行为是改写磁盘引导区数据，并且可能会修改主板上的BIOS芯片，甚至造成主板损坏。1999年4月26日，CIH V1.2首次大范围爆发，在全球有超过6000万台电脑被不同程度破坏。2000年4月26日，该病毒又一次大范围爆发，估计在全球造成了超过10亿美元的损失。

2001年7月13日，"红色代码"从网络服务器上传播开来。"红色代码"专门针对运行微软互联网信息服务器软件的网络服务器来进行攻击，并且主动寻找其他易受攻击的主机进行感染。短短不到一周的时间内，这个病毒就感染了近40万台服务器。实际上，在6月中旬，微软曾经发布了一个叫作"MS01-033"的补丁来修补这个漏洞，但是大多数网管都没有安装这个补丁。

2003年夏天,"冲击波"病毒袭来。这个"蠕虫"最早于8月11日被检测出来,短短两天之内就达到了攻击顶峰。当被传染的计算机连接上互联网时,就会弹出一个对话框,告诉用户这台计算机将在1分钟内关闭。在"冲击波"蠕虫发作前一个月,微软其实就已经推出了相应的补丁"MS03－026"和"MS03－039",但是却没有得到用户的重视。

一年以后,"震荡波"病毒发作了。这个"蠕虫"是德国一名17岁的高中生编写的,为了庆祝成人礼,他在18岁生日那天释放了它。"震荡波"从2004年8月30日起开始传播,其破坏能力之大,令法国的一些新闻机构不得不关闭了卫星通信。它还导致德尔塔航空公司取消了数个航班,全球范围内的许多公司不得不关闭了网络。"震荡波"利用了未升级的Windows 2000或Windows XP系统的一个安全漏洞,一旦传染到计算机上,便会主动扫描其他未受保护的系统并将自身传播过去。

在这一个阶段中,计算机病毒虽然已经极具破坏性了,但病毒制造者似乎还没有和经济利益有任何关系,他们往往只是为了宣扬自己的名声,或者对现实生活不满。

2004年1月18日,"Bagle"被发现了。它会收集用户的电子邮件地址,并且把这些邮件地址发送到一个指定位置。反病毒专家推测,也许这个"蠕虫"的作者打算把收集到的邮件地址,卖给那些通过电子邮件来推销的商家。几天之后,这个"蠕虫"的作者放出了源代码,让任何具有一定编程能力的人,都可以制造出自己的"蠕虫"变种。"Bagle"的出现可以算是一个转折点。在此之前,病毒和"蠕虫"的作者似乎并没有什么经济利益而言,因为通过技术危害他人计算机安全及隐私而获利的行为,与"黑客精神"是背道而驰的。但是"Bagle"的出现,标志着"通过恶意软件获利运动"的开始。

目前流行的病毒中,绝大部分都是木马病毒和后门病毒。比较常见的盈利方式是把从被感染的计算机上获得的账号和密码再次出售。除此之外,还有把被控制的计算机的控制权出售这一盈利途径,购买者可以使用这些计算机发起分布式拒绝服务攻击,从而使被攻击的网站或者服务器陷入瘫痪。

现在,我们使用的操作系统和应用软件功能越来越强大,代码也越来越复杂,而越复杂就意味着必然会有越多的破绽。这些破绽永远都不可能被全部修复,也永远会让病毒和木马找到突破口。

六、上网安全须知

互联网给人们的工作与生活带来许多便利,但也引发了不少问题。下面提醒大家注意几点。

1. 互联网有两面性

(1) 控制上网时间。不需要上网就不要上网,网上很容易迷失自己。

(2) 防止不健康信息的影响和毒害。对网上的信息要分析和复核,不要认为网上的信息都是真实正确的。

(3) 避免信息过载。信息不等于知识,知识不等于智慧。过多的信息,尤其是不良信息,比没有信息更糟糕。

2. 网络社交要谨慎

（1）参与网络社交要适度。对社交网站、社交 App 要趋利避害，不对之产生依赖。

（2）网上交友小心受骗。与网友聊天不要随便透露个人的隐私信息，不要随便与网友见面，即使见面需采取保护措施。

（3）发表意见谨言慎行。与人争论不要使用伤害他人的言语，不要轻易质疑对方的动机。

（4）注意保护个人隐私。社交网站和社交 App 中保留有大量的个人隐私信息，包括日常活动轨迹、兴趣爱好等。但社交网站和社交 App 很容易被黑客攻击、被恶意软件感染，后果非常严重。

3. 谨防网络欺诈

（1）时刻注意信息安全和病毒防范。一定要安装杀毒软件和防火墙并及时更新；操作系统和应用软件要及时更新升级；不要点击非法网站；不要随意扫描二维码；不要随便下载和安装软件，以防木马入侵。

（2）微信和 QQ 注意防盗防骗。除非有特殊需要，尽量关闭各类 App 中类似"附近的人""允许陌生人查看""允许好友搜索"等功能。

（3）不要随便运行黑客工具。

（4）重要的资料要定期备份。

4. 用好管好口令

（1）使用高强度的口令。尽量同时包含大小写字母、数字和符号，不要包含字典里的单词，不要包含姓名、生日、电话号码等，尽可能长。

（2）不同应用使用不同口令。可以用统一的规则设计不同的口令，根据 App 或账户用途加以变化。

（3）不要设置保存用户名或密码。

（4）不要把口令保存在电脑或手机里。

（5）定期更换口令。普通用户每半年或一年更换一次。

5. 安全使用手机

（1）不要轻易把手机借给他人使用。

（2）软件用完要退出，而不是返回主屏幕。因为一旦手机到了别人手上，没有退出的软件就有可能被利用。

（3）尽量不要连接免费 WiFi。很多公共场所的免费 WiFi，会给连接的手机偷偷安装恶意软件。

（4）安装经过认证的安全软件。

（5）短信和微信里的超链接不能随便点开，这些有可能是伪基站发送的。

（6）手机里不要保存敏感信息和私密照片、视频。转让和报废旧手机前不仅要把手机恢复出厂设置，还要设法清空手机存储器。

（7）不要随便刷机。

（8）使用原装电池和充电器，养成良好的充电习惯。不要把手机放在枕边充电，不要边充电边使用手机。

第5章 数字媒体及应用

数字媒体是指以二进制数的形式存储在计算机中的信息,它包括文本、图像、声音及视频多种形式等。本章节主要讨论各种数字媒体的数字化过程及常用的各种媒体的文件类型等。

5.1 文本与文本处理

文字处理是涉及面最广的一种计算机应用,几乎与任何领域任何人都有关。文字信息在计算机中称为"文本(text)",文本是计算机中最常用的一种数字媒体。文本由一系列"字符(character)"组成,每个字符均使用二进制编码表示。

文本在计算机中的处理过程包括文本准备、文本编辑、文本处理、文本存储与传输、文本展现等。

5.1.1 字符的编码

组成文本的基本元素是字符。字符在计算机中的表示与数值一样也是使用二进制表示,每个字符对应的二进制表示就是该字符的编码。

一组特定字符的集合称为字符集,例如西文字符集、中文字符集、韩文字符集等。字符集中的每一个字符以及多对应的编码构成了该字符集的码表。

1. 西文字符集

目前计算机中使用最广泛的西文字符集是 ASCII(American standard code for information interchange)字符集。

(1) 包含 96 个可打印字符和 32 个控制字符。

(2) 每个字符采用 7 个二进位进行编码。

(3) 计算机中使用 1 个字节存储 1 个 ASCII 字符,每个字节多余出来的一位(最高位)在计算机内部通常保持为"0"。

(4) ASCII 表中字符的编码有一定的规律:数字编码<大写字母编码<小写字母编码。

西文字符编码格式如图 5-1 所示。

图 5-1　ASCII 编码格式

2. 中文字符集

中文文本的基本组成单位是汉字,汉字数量大,字形复杂,因而汉字在计算机中内部的表示、处理等都比西文复杂。从 1980 年到 2005 年,我国先后颁布了三个汉字编码标准。

1) GB2312 汉字编码

为了适应计算机处理汉字信息的需要,1980 年我国颁布了第一个国家标准——《信息交换用汉字编码字符集·基本集》(GB2312)。

GB2312 字符集由三个部分构成:第一部分是字母、数字和各种符号,共计 682 个;第二部分为一级汉字,共 3755 个,按汉语拼音排列;第三部分为二级常用汉字,共 3008 个,按偏旁部首排列。

GB2312 的所有字符在计算机内部都采用 2 个字节(16 个二进位)来表示,每个字节的最高位均规定为 1,以区别于西文字符的 ASCII 编码。这种高位均为 1 的双字节汉字编码就称为 GB2312 汉字的"机内码"(简称"内码"),编码格式如图 5-2 所示。

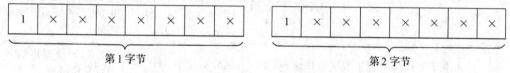

图 5-2　GB2312 汉字在计算机中的表示

2) GBK 汉字内码扩充规范

由于 GB2312 包含的是一些常用汉字,在人名、地名的处理上尤其是古籍整理上已经不够使用,迫切需要有包含繁体字在内的更多汉字的标准字符集。1995 年我国发布了《汉字内码扩展规范》。

GBK 汉字内码扩充规范一共有 21 003 个汉字和 883 个图形符号。里面收录了一些繁体字和生僻汉字。

GBK 汉字也使用双字节表示,并且与 GB2312 保持向下兼容,即所有与 GB2312 相同的字符,其编码也保持相同;新增加的符号和汉字则另外编码,其编码格式如图 5-3 所示。

图 5-3　GBK 汉字在计算机中的表示

3) GB18030 汉字编码

ASCII 码与 GB2312、GBK 都是面向一个国家使用的,为了使全球数以千计的不同语言文字实现统一编码,国际标准化组织(OSI)制定了一个将全世界现代书面文字使用的所有字符和符号(包括我国制定的 GBK 的所有汉字)集中进行统一编码。称为 UCS 标准,对应的工业标准称为 Unicode。但是该编码与我国之前的汉字编码完全不兼容,在这种背景下,我国发布的 GB18030 汉字编码标准,既与国际标准 UCS(Unicode)接轨,又能保护已有的大量中文信息资源。

GB18030 编码方案如下:

(1) 单字节编码(128 个)表示 ASCII 字符。

(2) 双字节编码(23 940 个)表示汉字,与 GBK(以及 GB2312)保持向下兼容,GBK 不再使用。

(3) 四字节编码(约 158 万个)用于表示 UCS/Unicode 中的其他字符。

GB18030 目前已在我国信息处理产品中强制贯彻执行。补充说明一点:台湾和香港地区用的编码方案与大陆地区不一样,它们用的都是繁体字,台湾使用的编码是 big5("大五码")。

总结几种汉字编码的区别如表 5-1 所示。

表 5-1 几种汉字编码比较

标准名称	GB2312	GBK	GB18030	UCS-(Unicode)
字符集	6 763 个汉字(简体字)	21 003 个汉字(包括 GB2312 汉字在内)	近 3 万汉字(包括 GBK 汉字和 CJKV 及其扩充中的汉字)	包含近 11 万字符,其中的汉字与 GB18030 相同
编码方法	双字节存储和表示,每个字节的最高位均为"1"	双字节存储和表示,第 1 个字节的最高位必为"1"	部分双字节、部分 4 字节表示,双字节表示方案与 GBK 相同	(1) UTF-8 采用单字节可变长编码 (2) UTF-16 采用双字节可变长编码
兼容性	编码保持向下兼容			编码不兼容

5.1.2 文本准备

使用计算机制作一个文本,首先要向计算机输入该文本所包含的字符信息,然后进行编辑、排版和其他处理。输入字符的方法有两类:人工输入和自动识别输入,如图 5-4 所示。

图 5-4 字符信息的输入方法

1. 人工输入

主要通过键盘、手写笔、语音等方式输入字符。

1) 键盘输入

（1）数字编码：使用数字表示汉字，如电报码、区位码等，不方便记忆。

（2）字音编码：如搜狗拼音、QQ拼音、微软拼音、智能ABC等，这种输入法简单易学，但重码率高。

（3）字形编码：如五笔字型和表形码等，这种输入法需要记忆学习，重码率低。

（4）形音编码

2) 手写笔输入。

在输入不认识的生僻字时提供了方便，其优点有：自然，流畅小型化，适合移动计算；但识别速度和正确性还需提高。

3) 语音输入

其优点是自然、方便，适合移动计算但是对说话人、说话方式、说话内容的适应能力要大大增强以及识别速度和正确性还需大大提高。

2. 自动识别输入

通过识别技术将纸质文本自动转换成文字的编码。

1) 印刷体识别输入：识别率已达到98%，其识别过程如图5-5所示。

图5-5 印刷体自动识别输入过程

2) 条形码和二维码识别输入：首先要预先进行标识，再进行扫描识别输入。

5.1.3 文本分类

文本是计算机处理中最主要的数字媒体，根据是否具有排版格式，文本分为简单文本和丰富格式文本；根据文本内容组织方式的不同，文本分为线性文本和超文本两大类。

1. 简单文本（纯文本）

由一连串用于表达正文内容的字符（包括汉字）的编码所组成，几乎不包含任何其他的格式信息和结构信息。其文本后缀是".txt"，Windows附件中的记事本程序创建和处理的文本就是简单文本。

2. 丰富格式文本

在纯文本中加入了许多格式控制和结构说明信息，其文本类型有多种：.docx、.rtf、.pdf、.html等。

3. 超文本

采用网状结构来处理信息，文本中的各个部分按照其内容的关系互相链接起来，从而形成"超文本"，也属于丰富格式文本。超链是有向的，起点位置称为链源（超文本标记语言 HTML 中称为锚),它可以是网页中的一个标题、一句句子、一个关键词、一幅画、一个图标等,目的地称为链宿,可以是另外的网页,也可以是同网页中的其他部分。网页中超文本如图 5-6 所示,图中"★"即为链源,箭头指向即为链宿。

图 5-6 超文本中链源与链宿

5.1.4 文本编辑、排版与处理

1. 文本编辑与排版

1) 文本编辑

(1) 目的:确保文本内容正确无误。

(2) 操作:对字、词、句和段落进行添加、删除、修改等操作。

2) 文本排版

(1) 目的:使文本清晰、美观、便于阅读。

(2) 操作内容:对文本中的字符、段落乃至整篇文章的格式进行设计和调整,分成 3 个层次:对字符格式进行设置;对段落格式进行设置;对文档页面进行格式设置。

2. 文本处理

使用计算机对文本中所包含文字信息的形、音、义等进行分析和处理(如字数统计、机器翻译、文语转换、文本检索等)。

3. 常用文本处理软件

满足"所见即所得"的微软的 Office 和金山 WPS,Adobe Acrobat Reader 是用于阅读 PDF 文档的阅读器软件。

5.1.5 文本展现

数字电子文本主要有两种展现方式:打印输出和屏幕输出。而文本在计算机中存储方式是二进制编码形式,因此文本的展现过程比较复杂。那么文本展现的过程分为三个步骤:

(1) 对文本的格式描述进行解释。

(2) 生成文字和图表的映像(主要有点阵描述和轮廓描述两种字库)。

(3) 传送到显示器或打印机输出。

5.2 图像与图形

计算机中的"图"按其生成方法一般分为两种:一种是从现实世界中通过扫描仪、数码相机等设备获取的,它们称为取样图像,也称为点阵图像或者位图图像,以下简称图像(image);另一类是使用计算机绘制而成的,它们称为矢量图形,以下简称图形(graphics)。

5.2.1 数字图像的获取

图像获取过程的核心是模拟信号的数字化,处理步骤大体分为四步,如图5-7所示。

图5-7 图像的数字化过程

(1) 扫描:将画面划分为 M × N 个网格,每个网格称为一个取样点。

(2) 分色:将彩色图像取样点的颜色分解成 R、G、B 三个基色,如果不是彩色图像(黑白图像或者灰度图像),则不必分色。

(3) 取样:测量每个取样点的每个分量(基色)的亮度值。

(4) 量化:对取样点每个分量的亮度值进行 A/D 转换,即把模拟量使用数字量来表示。

5.2.2 图像的表示与压缩编码

1. 图像的表示方法与主要参数

(1) 图像大小。即为图像分辨率,一般用水平分辨率×垂直分辨率表示。

(2) 位平面数目。即像素的颜色分量的数目。黑白或灰度图像只有一个位平面,彩色图像有3个或者更多的位平面。

(3) 像素深度。像素的所有颜色分量的二进位数目之和,决定不同颜色的最大数目。例如单色图像,若像素深度是8位,则不同灰度的总数为 $2^8=256$。又如 R、G、B 三基色组成的彩色图像,若3个颜色分量的像素深度分别为3、3、4,则该图像的像素深度为 $3+3+4=10$,则颜色数目有 $2^{10}=1024$。

(4) 颜色空间类型。指彩色图像所使用的颜色描述方法,也叫颜色模型,常用的颜色模型有:显示器 RGB(红、绿、蓝),彩色打印机 CMYK(青、品红、黄、黑),图像编辑软件 HSB(色彩、饱和度、亮度),彩色电视信号 YUV(亮度、色度)。

2. 数字图像的数据量计算公式(以字节为单位)

数据量=水平分辨率×垂直分辨率×像素深度/8

例如:一幅没有经过数据压缩的能表示 65 536 种颜色的彩色图像,图像大小为 1 024×1 024,该图像的数据量是 1 024×1 024×16/8＝2MB(65 536＝2^{16})。

3. 图像数据压缩

1) 图像数据压缩的必要性

(1) 节省存储数字图像所需要的存储器容量。

(2) 提高图像的传输速度,减少通信费用。

2) 图像数据压缩的可能性

(1) 数字图像中有大量的数据冗余。

(2) 人眼视觉有局限性,允许图像有一些失真。

3) 图像数据压缩的两种类型

(1) 无损压缩:用压缩后的数据还原出来的图像没有任何误差。

(2) 有损压缩:用压缩后的数据还原出来的图像有一定的误差。

4) 压缩编码方法的评价

(1) 压缩倍数的高低(压缩比大小)。

(2) 重建图像的质量(有损压缩时)。

(3) 压缩算法的复杂程度。

补充说明:为了便于在不同的系统交换图像数据,人们对计算机中使用的图像压缩编码方法制定了一些国际标准和工业标准。ISO 和 IEC 两个机构联合组成了一个 JPEG 专家组,负责制定了一个静止图形数据压缩的国际标准,称为 JPEG 标准。在后面介绍的声音、视频也有一些国际标准。

4. 数字图像的常用文件格式

表 5－2 中给出了目前因特网和 PC 机常用的几种图像文件格式。

表 5－2　常用图像文件格式

名称	压缩编码方法	性质	典型应用	开发公司(组织)
BMP	RLE(行程长度编码)	无损	Windows 应用程序	Microsoft
GIF	LZW	无损	因特网	CompuServe
JPEG	DCT(离散余弦变换)，Huffman 编码	大多数为有损	因特网,数码相机等	ISO/IEC
PNG	LZ77 派生的压缩算法	无损	因特网等	W3C

　　BMP 是微软公司在 Windows 操作系统下使用的一种标准图像格式,每个文件存放一幅图像,通常不进行数据压缩,BMP 文件是一种通用的图像文件格式,几乎所有图像处理软件都能支持。

　　(1) GIF 是目前因特网上广泛使用的一种图像文件格式,它的颜色数目不超过 256 色,文件数据量小,适合用作插图、剪贴画等色彩数要求不高的场合,适合网络传输,GIF 格式能够支持透明背景、累进显示,最重要的是,它可以将多张图像保存在同一个文件中,显示时按照规定的时间间隔逐一进行显示,产生动画效果。

(2) TIF 或者 TIFF 图像文件格式大量使用与扫描仪和桌面出版，能支持多种压缩方法和多种不同类型的图像。

(3) JPEG 是常见图像格式，手机、数码相机常用图像格式，扩展名是.jpg。

(4) PNG 是 20 世纪 90 年代中期由 W3C 开发的一种图像文件格式，既保留了 GIF 文件的特性，又增加了许多 GIF 文件格式所没有的功能。PNG 图像文件格式主要在互联网上使用。

5.2.3 数字图像的处理与应用

1. 数字图像处理的目的与内容

使用计算机对照相机、摄像机、传真机、扫描仪、医用 CT 机等设备获取的图像进行去噪、增强、复原、分割、提取特征、压缩、存储、检索等操作处理，称为数字图像处理。一般来讲，对数字图像处理的目的主要有以下几个方面：

(1) 提高图像的视感质量。如调整图像的亮度和彩色，对图像进行几何变换，包括特技或者效果处理等。

(2) 图像的复原与重建。

(3) 图像分析。

(4) 图像数据的变换、编码和数据压缩，使能更有效地进行图像的存储与传输。

(5) 图像的存储、管理、检索以及图像内容与知识产权的保护等。

2. 数字图像处理的软件

1) 常用图像处理软件功能

包含图像显示控制、区域选择、编辑操作、滤镜操作、绘图功能、文字编辑功能、图层操作等。

2) 常用的图像处理软件

(1) Word 和 PowerPoint 具有基本的图像编辑功能。

(2) Windows 附件中的"画图"软件。

(3) 微软 Office 工具中的 picture manager。

(4) ACD System 公司的 ACDSee32。

(5) Adobe PhotoShop。

(6) 美图秀秀等简便软件。

3. 数字图像处理的应用

数字图像处理在通信、电视、出版、广告、工业生产、医疗诊断、电子商务等领域得到广泛的应用，例如：

(1) 图像通信，包括图像传输、电视电话、电视会议等；

(2) 遥感；

(3) 医疗诊断；

(4) 工业生产中的应用，如产品质量检测、生产过程自动控制等；

(5) 机器人视觉；

(6) 军事、公安、档案管理等其他方面的应用。

5.2.4 计算机图形

1. 景物的计算机表示

图形是利用计算机绘制的图,通过计算机和软件对景物的结构、形状与外貌进行描述(称为"建模"),然后根据该描述和选定的观察位置及光线状况,生成该景物的图形(称为"绘制"),如图 5-8 所示。

图 5-8 景物的建模与图像的合成

2. 计算机图形的应用

使用计算机绘制图形的主要优点是:计算机不但能生成实际存在的具体景物的图像,还能生成假想或抽象景物的图像,因此计算机合成的图像受到了广泛的应用:

(1) 计算机辅助设计和辅助制造(CAD/CAM)。

(2) 利用计算机生成各种地形图、交通图、天气图、海洋图、石油开采图等。

(3) 作战指挥和军事训练。

(4) 计算机动画和计算机艺术。

(5) 其他:电子出版、数据处理、工业监控、辅助教学、软件工程等。

2. 矢量绘图软件

为了与通常的取样图像区别,计算机绘制的图像也称为矢量图形,用于绘制矢量图形的软件称为矢量绘图软件,常用的有:

1) 专业绘图软件

(1) AutoCAD、PROTEL 和 CAXA 电子图板(机械、建筑等);

(2) MAPInfo、ARCInfo、SuperMap GIS (地图、地理信息系统)。

2) 办公与事务处理、平面设计、电子出版等使用的绘图软件

(1) Corel 公司的 CorelDraw;

(2) Adobe 公司的 Illustrator;

(3) Macromedia 公司的 FreeHand;

(4) 微软公司的 Microsoft Visio 等。

3) MS Office 中内嵌的绘图软件

Word 和 PowerPoint 中的绘图功能(简单的二维图形)。

总结,计算机中的"图"按其生成方法可以分为两大类,两者在外观上很难区分,但它们有许多不同的属性,一般需要使用不同的软件进行处理,图像与图形的对比如表 5-3 所示。

表5-3 图像与图形的比较

	图 像	图 形
生成途径	通过图像获取设备获得景物的图像	使用矢量绘图软件以交互方式制作而成
表示方法	将景物的映像(投影)离散化,然后使用像素表示	使用计算机描述景物的结构、形状与外貌
表现能力	能准确地表示出实际存在的任何景物与形体的外貌,但丢失了部分三维信息	规则的形体(实际的或假想的)能准确表示,自然景物只能近似表示
相应的编辑处理软件	典型的图像处理软件,如 Photoshop	典型的矢量绘图软件,如 AutoCAD
文件的扩展名	.bmp、.gif、.tif、.jpg、.jp2 等	.dwg、.dxf、.wmf 等
数据量	大	小

5.3 数字声音及应用

5.3.1 波形声音的获取与播放

1. 基本概念

(1) 声音由振动产生,通过空气进行传播。

(2) 声音是一种波,它由许多不同频率的谐波组成,如图5-9所示,谐波的频率范围称为声音的"带宽"。

图5-9 声音的谐波表示

(3) 计算机处理的声音有两种类型:一是专指人的说话声音,带宽为300~3400Hz,称为语音或者话音;二是指人耳可听到的声音统称"可听声(audio)"或者称为全频带声音(如音乐声、风雨声、汽车声等),其带宽可达到 20Hz~20kHz。

2. 声音信号的数字化过程

如图5-10所示。

图 5-10 声音的数字化

(1) 取样:取样的目的是把时间上连续的信号转换成时间上离散的信号,取样频率不应低于声音信号最高频率的两倍,语音一般为 8kHz,全频带声音一般为 40kHz 以上。

(2) 量化:量化是把每个样本从模拟量转换成为数字量(8 位或 16 位整数表示),量化精度越高,声音的保真度越好。

(3) 编码:将所有样本的二进制代码组织在一起,并进行数据压缩。

3. 波形声音的获取设备

(1) 声音的联机获取设备:麦克风(将声波转换成电信号)和声卡(取样、量化和编码)。

(2) 声音的脱机获取设备:数码录音笔。

4. 声音的重建与播放

(1) 把声音从数字形式转换成模拟信号形式,也是由声卡完成。

(2) 声音的重建分为三个步骤:解码→数模转换→插值处理。

(3) 声音播放:将模拟声音信号经处理和放大后送到音箱(扬声器)。

5. 声卡的组成及功能

声卡组成如图 5-11 所示。

图 5-11 声卡的组成

声卡的功能如下:

(1) 波形声音的获取与编码;

(2) 波形声音的重建与播放;

(3) MIDI 消息的输入;

(4) MIDI 音乐的合成。

5.3.2 波形声音的表示与压缩编码

1. 数字波形声音是使用二进位表示的一种串行比特流，其数据按时间顺序进行组织，文件扩展名为".wav"

2. 数字波形声音的主要参数

（1）取样频率：语音的取样频率低，一般为 8～16kHz，全频带声音（如音乐）取样频率高，一般为 44.1～48kHz；

（2）量化位数：通常为 8 位、12 位或 16 位；

（3）声道数目：单声道为 1，双声道为 2；

（4）码率（比特率）：每秒钟的数据量。

3. 声音的数据量

未压缩时数字波形声音的码率计算公式：

$$码率 = 取样频率 \times 量化位数 \times 声道数（单位：bit/s）$$

压缩编码之后数字波形声音的码率为：

$$压缩后的码率 = 未压缩时的码率 / 压缩比$$

声音的数据量如表 5-4 所示。

表 5-4 两种常用数字声音的主要参数

声音类型	声音信号带宽（Hz）	取样频率（kHz）	量化位数（bits）	声道数	未压缩时的码率（kb/s）
数字语音	300～3 400	8	8	1	64
CD 立体声	20～20 000	44.1	16	2	1 411.2

4. 压缩编码表示及应用

由于波形声音的数据量很大，从表 5-4 中可以算出，1 小时说话声音的数据量接近 30MB，CD 立体声高保真的数字音乐 1 小时的数据量大约 635MB，为了降低成本和提高网络上的传输效率，必须对数字声音进行压缩，根据不同的应用需求，波形声音采用的编码方法有多种，文件格式也各不相同，表 5-5 是目前常用数字波形声音的文件类型、编码类型以及它们的主要应用。

其中，WAV 是未经压缩的波形声音，音质与 CD 相当，当对存储空间需求太大，不便于交流与传播。FLAC、APE 和 M4A 采用无损压缩方法，数据量比 WAV 文件大约可减少一半，而音质仍保持相同。MP3 是因特网上最流行的数字音乐格式，它的比率大幅度降低了声音的数据量，加快了网络传输速度。WMA 是微软公司开发的声音文件格式，采用有损压缩方法，压缩比高于 MP3，质量大体相当，但它在文件中增加了数字版权保护的措施，防止未经授权进行下载和拷贝。

表 5-5 常用波形声音的文件类型、编码方法及其主要应用

音频格式	文件扩展名	编码类型	效果	主要应用	开发者
WAV	.wav	未压缩	声音达到 CD 品质	支持多种采样频率和量化位数,获得广泛支持	微软公司
FLAC	.flac	无损压缩	压缩比为 2:1 左右	高品质数字音乐	Xiph.Org 基金会
APE	.ape	无损压缩	压缩比为 2:1 左右	高品质数字音乐	Matthew T. Ashland
M4A	.m4a	无损压缩	压缩比为 2:1 左右	Quick Time, iTunes, iPod, Real Player	苹果公司
MP3	.mp3	有损压缩	MPEG-1 audio 层 3 压缩比为 8:1~12:1	因特网,MP3 音乐	ISO
WMA	.wma	有损压缩	压缩比高于 MP3 使用数字版权保护	因特网,音乐	微软公司
AC3	.ac3	有损压缩	压缩比可调,支持 5.1、7.1 声道	DVD,数字电视,家庭影院等	美国 Dolby 公司
AAC	.aac	有损压缩	压缩比可调,支持 5.1、7.1 声道	DVD,数字电视,家庭影院等	ISO MPEG-2/MPEG-4

　　为了在因特网环境下开发数字音(视)频的实时应用,例如通过因特网进行在线音(视)频广播、音(视)频点播等,服务器必须做到以高于音(视)频播放的速度从因特网上向用户连续地传输数据,达到用户可以边下载边收听(看)的效果。这一方面要压缩数字音(视)频的数据量,另一方面还要合理组织音(视)频数据让它们像流水一样源源不断地进行传输(流式传输),实现上述要求的媒体分发技术就称为"流媒体"。简单地说,流媒体技术就是允许在网络上让用户一边下载一边收看(听)音视频媒体的一种技术。目前流行的流媒体技术有 Real Networks 公司的 RealMedia、微软公司的 Windows Media Services(WMA、WMV 和 ASF)和苹果公司的 QuickTime 等。

5.3.3 计算机合成声音

　　计算机合成声音就是计算机模仿人说话或演奏音乐。计算机合成声音有两类:

　　(1) 计算机合成话音(语音):计算机模仿人把一段文字朗读出来,即把文字转换为说话声音(简称为 TTS)。应用有:有声查询、文稿校对、语言学习、语音秘书、自动报警、残疾人服务等。

　　(2) 计算机合成音乐(MIDI):计算机模拟各种乐器发声并按照乐谱演奏音乐。应用有:计算机作曲、配器等。乐谱在计算机中使用一种叫作 MIDI 的音乐描述语言来表示。使用 MIDI 描述的音乐称为 MIDI 音乐。一首乐曲对应一个 MIDI 文件,其文件扩展名为.mid 或.midi。

5.4 数字视频及应用

5.4.1 数字视频基础

1. 视频(video)

视频是指以固定速率(24、25、30 帧/秒)顺序显示的一组图像,又叫运动图像或活动图像(motion picture)。常见视频有:电视,电影,动画等。

视频的特点:

(1) 内容随时间而变化;

(2) 伴随有与画面动作同步的声音(伴音);

(3) 人类接收的信息 70%来自视觉,其中活动图像是信息量最丰富、直观、生动、具体的一种承载信息的媒体。

(4) 视频信息的处理是多媒体技术的核心。

2. 数字视频的主要参数

(1) 帧频、帧速率(frame rate)——每秒钟显示多少帧图像(单位:fps);

(2) 帧大小——每帧图像的分辨率,即图像宽度×图像高度(单位:像素);

(3) 颜色深度、像素深度——图像中每个像素的二进位数目(单位:bit)。

例:持续时间为 1 小时的一段数字视频,假设帧大小是 640×480,像素深度为 24 位,帧速率为 25fps,则:

每帧的像素数目 = 640× 480 = 307 200 像素

每帧的二进位数目 = 307 200 × 24 = 7 372 800 = 7.37Mb

视频流的比特率(bit rate,BR) = 7.37 × 25 = 184.25Mb/s

视频流的大小(video size,VS) = 184Mbits/sec × 3600sec
= 662 400Mbits = 82 800Mbytes = 82.8Gbytes

3. 数字视频信号的获取

视频信号的数字化过程:与图像、声音的数字化过程相仿,但更复杂一些。

4. 数字视频的获取设备

(1) 视频采集卡(简称视频卡):能将输入的模拟视频信号(及其伴音信号)进行数字化后然后存储在硬盘中。

(2) 数字摄像头,在线获取数字视频的设备。借助光学摄像头和 CMOS(或 CCD)器件采集图像,然后将图像转化成数字信号,输入到计算机中,不再需要使用专门的视频采集卡。数字摄像头的接口大多采用 USB 接口。分辨率为 352×288 ~640×480,高清摄像头分辨率更高,速度一般在 30fps(每秒 30 帧)左右,镜头的视角可达到 45~60 度。

(3) 脱机获取设备:数码摄像机。提供 480 线以上的分辨率,清晰度高,自动对焦,自动曝光,使用 MPEG-2 进行压缩编码,然后记录在存储卡或硬盘上,具有录音功能,数据量很大,采用 USB 接口或 IEEE 1394 接口,成像器件采用 CMOS 或 CCD。

5.4.2 数字视频的压缩编码

数字视频的数据量大得惊人,可压缩几十倍甚至几百倍。国际化标准化组织制定的有关数字视频压缩编码的标准如表 5-6 所示。

表 5-6 视频压缩编码的国际标准及其应用

名称	图像格式	压缩后的码率	主要应用
MPEG-1	360×288	大约 1.2Mb/s~1.5Mb/s	适用于 VCD、数码相机、数字摄像机等
H.261	360×288 或 180×144	P×64 kb/s(p=1,2 时,只支持 180×144 格式,P≥6 时,可支持 360×288 格式)	应用于视频通信,如可视电话、会议电视等
MPEG-2 (MP@ML)	720×576	5 Mb/s~15 Mb/s	用途最广,如 DVD、卫星电视直播、数字有线电视等
MPEG-2 高清格式	1 440×1 152 1 920×1 152	80 Mb/s~100 Mb/s	高清晰度电视(HDTV)领域
MPEG-4 ASP	分辨率较低的视频格式	与 MPEG-1,MPEG-相当,但最低可达到 64 kb/s	在低分辨率低码率领域应用,如监控、IPTV、手机、MP4 播放器等
MPEG-4 AVC	多种不同的视频格式	采用多种新技术,编码效率比 MPEG-4ASP 显著减少	已在多个领域应用,如 HDTV、蓝光盘、IPTV、XBOX、iPod、iPhone 等

5.4.3 计算机合成视频——计算机动画

计算机动画——使用计算机生成一系列内容连续的画面供实时演播的一种技术,它是一种计算机合成的数字视频,而不是用摄像机拍摄的"自然视频"。20 世纪 90 年代开始,计算机动画技术应用于电影特技,如电影《侏罗纪公园》系列、《玩具总动员》《泰坦尼克》《阿凡达》等,取得轰动效应。

动画制作软件:美国 SGI 公司 Alias 和 Wavefront 公司的 MAYA,美国 Autodesk 公司 Discreet 公司的 3ds MAX,Animator Studio,等等。

互联网动画:GIF 和 Flash。

5.4.4 数字视频的应用

(1) VCD(video CD):按 MPEG-1 标准将 60 分钟的音频/视频节目记录在一张 CD 光盘上,VCD 光盘容量为 650MB,能存放越 1 小时分辨率为 352×240 的视频图像。

(2) DVD(DVD-video):按 MPEG-2 标准将音频/视频节目记录在 DVD 光盘上,单面单层 DVD 容量为 4.7GB,能存放约 2 小时分辨率为 720×576 的视频,可播放 5.1 声道的环绕立体声,提供 32 中文字或卡拉 OK 字幕。

(3) 可视电话与视频会议：可视电话是通话双方能互相看见的一种电话系统，视频会议是多人同时参与的一种音/视频通信系统，如 iPad/iPhone 的 FaceTime 以及腾讯的 QQ、微信等。

(4) 数字电视的接收设备大体有三种形式：

① 专用播放设备，如 DVD 播放机、MP4 播放器等。

② 传统模拟电视机外加一个数字机顶盒。

③ 连接因特网的 PC 机、平板电脑或手机等终端设备。

(5) 点播电视(VOD)：指用户可以自己选择观看需要的电视节目，改变了电视台播什么用户只能看什么的电视收看模式。

自 测 题 5

1. 从取样图像的获取过程可以知道，一幅取样图像由 M 行×N 列个取样点组成，每个取样点是组成取样图像的基本单位，称为_____。

2. 一幅宽高比为 16：10 的数字图像，假设它的水平分辨率是 1 280，能表示 65 536 种不同颜色，没有经过数据压缩时，其文件大小大约为_____kB(1k＝1 000)。

3. 目前计算机中广泛使用的西文字符编码是美国标准信息交换码，其英文缩写为_____。

4. GIF 图像文件格式能够支持透明背景和动画，文件比较小，因此在网页中广泛使用。

5. 使用计算机生成假想景物的图像，其主要的 2 个步骤是建模和绘制。

6. 若西文使用标准 ASCII 码，汉字采用 GB2312 编码，则十六进制代码为 C4 CF 50 75 B3 F6 的一小段简单文本中，含有 3 个汉字。

7. 人们说话时所产生的语音信号必须数字化以后才能由计算机存储和处理。假设语音信号数字化时取样频率为 8kHz，量化精度为 8 位，数据压缩比为 4，那么 1 分钟数字语音的数据量是_____。

    A. 960kB   B. 480kB   C. 120kB   D. 60kB

8. 下列关于计算机图形的应用中，错误的是_____。

    A. 可以用来设计电路图

    B. 可以用来绘制机械零部件图

    C. 计算机只能绘制实际存在的具体景物的图形，不能绘制假想的虚拟景物的图形

    D. 可以制作计算机动画

9. 如果显示器 R、G、B 三个基色分别使用 6 位、6 位、4 位二进制位来表示，则该显示器可显示颜色的总数是_____种。

    A. 16   B. 256   C. 65 536   D. 16 384

10. 下列应用软件中主要用于数字图像处理的是_____。

    A. Outlook Express   B. PowerPoint

    C. Excel   D. PhotoShop

延展阅读

一、计算机动画制作

用于制作计算机动画的软件有多种,它们的过程大体是类似的。下面以三维动画的制作为例,简要地介绍计算机动画的制作过程。

首先是按照动画的脚本对景物进行造型。动画软件一般都提供多种造型工具,如 patch 工具可生成直纹面,skin 工具可由多个不同的截平面构造物体,revolve 工具可由母线旋转成一个旋转体,boundary 工具可由 3 条或 4 条边界构造曲面,round 工具可直接生成三个面相交处不同半径的圆角。此外,动画软件还提供了许多基本的几何体,如球、柱、锥、台、立方体等,这些几何体所有的几何参数都可设置和调整,还可通过布尔运算互相进行组合,从而得到不同的形体。

接下来是确定景物的颜色、材质(纹理),包括确定物体的中间色、高光色、自发光色、透明色和反射区颜色等。在确定物体的材质时,动画软件提供了数以千计的纹理,这些纹理可直接作为贴图使用。

进一步的操作是设置灯光和布置摄像机的位置,这一步与颜色、材质的调整是交替进行的,以便取得需要的效果。动画软件一般提供多种光源,如环境光、直射平行光、点光、白炽灯光、线光源和面光源等,每种光源又有多种参数可调,能生成许多特殊效果,如光通过雾气的效果、光的棱镜效果等。

上面的操作是按脚本要求对场景中的关键帧进行的。动画制作中最重要的一个步骤是描述和设置动画的运动要求,包括场景中物体运动的时间、路径、速度、形变等,完成运动设计后,动画软件将根据这些要求自动生成一系列的中间帧画面。

接着进行图像绘制。动画软件能自动计算光线在物体间的反射、折射、透射及物体的阴影和浓淡,使画面更加生动逼真。绘制的动画图像如果是电影用的,每 1 秒需 24 帧画面,则计算机必须绘制 $24 \times n$ 帧图像(n 是持续播放多少秒钟)。如果是电视用的,则每秒需 25 帧画面。

从上面的叙述中可以看出,计算机动画涉及景物的造型技术、运动控制和描述技术、图像绘制技术、视频生成技术等。其中尤以运动控制与描述技术最复杂,它采用的方法有多种,如运动学方法、物理推导法、随机方法、刺激—响应方法、行为规则方法、自动运动控制方法等,通常应根据具体应用的要求进行选择。

计算机动画在娱乐广告、电视、教育等领域有着广泛的应用。在国际上,计算机动画的设计与制作已经形成了一个年产值达数千亿美元的产业——动画漫画游戏产业,简称动漫产业。从事动漫制作的企业,其岗位有上色、中间画、原画、分镜、造型、编剧、导演等不同分工,按照顺序越往后越高级。例如,造型岗位需要良好的美术基础和丰富的制作经验,编剧和导演则需要文学艺术方面的功底。

二、人工智能简介

1. 什么是人工智能

人工智能(artificial intelligence,AI)指使用计算机模拟人的智能行为,目的是构造出具有特定智能的人工系统以完成以往需要人的智力才能胜任的工作,甚至在某些方面能超越人自身的能力,比人做得更好。

人工智能的研究已经有60多年的历史了。20世纪50年代到70年代初,人工智能研究处于"推理期"。那时人们以为只要赋予计算机逻辑推理能力,计算机就具有智能。这一阶段的代表性工作主要有A. Newell和H. Simon研发的"逻辑理论家"程序,该程序在1952年证明了著名数学家罗素和怀特海的名著《数学原理》中的38条定理,继而在1953年证明了全部52条定理,其中定理2.85的证明甚至比作者更加巧妙。两位学者为此获得了1975年的图灵奖。

进入21世纪后,互联网的发展和计算机的广泛应用,人们积累的数据多了,拥有的计算能力强大了,基于多层神经网络的"深度学习"方法取得了比较丰富的成果,人工智能再次掀起热潮。特别是最近几年,人工智能正处于高速发展阶段。

人工智能技术迄今所取得的进展和成功,都是缘于弱人工智能而不是强人工智能的研究。例如在图像识别、语音识别方面,机器已经达到甚至超过了普通人的水平;在机器翻译方面,便携式翻译机已成为现实;在棋类游戏方面,机器已经打败了最顶尖的人类棋手,等等。这都是一些特定类型的智能行为,而不是完全智能行为,没有也不必考虑人的心智、意识、情感之类的东西。

目前在计算机界研究强人工智能的学者不多,主要是太困难,因为人们还不知道如何用数学模型表现并刻画人的智能,如认知能力、意识与情感等。国内外有人在进行"类脑芯片"的研究,试图模仿人脑神经元结构和人脑感知认知方式来设计一种完全与传统冯·诺依曼结构不同的计算机芯片,目前还处于探索阶段。总之,完整地实现人工智能是长期的、极具挑战性的,人工智能的顶峰可能永远无法到达。但不管怎样,人工智能技术将会不断发展,计算机将会变得越来越智能。

2. 机器学习过程

实现人工智能的途径之一是模拟。模拟就是将人的智能行为的输入与输出记录下来,用计算机进行模仿,在相同输入的情况下使计算机给出与人相似的反应。机器学习就是模拟人类智能的一种有力工具,它是近几年人工智能领域中最热门的一项技术。从网上购物到自动驾驶汽车,从刷脸付费到微软小冰聊天机器人,都有机器学习的功劳在内。机器学习与人的学习过程颇为相似。人们在生活中积累了许多经验,通过对这些经验的归纳总结,形成规律(知识),当遇到新情况新问题时,就使用这些规律知识进行分析,做出预测。机器学习则是计算机利用已有的经验数据,得出某种模型(规律),并利用此模型判断预测未知数据的一种方法。例如,把各种各样的狗的图片输入计算机,计算机通过机器学习算法可得出狗的模型(特征),这个过程称为训练;当不明对象的图片输入计算机时,计算机即可使用该模型进行判断预测,判定图片中的对象是不是狗。机器学习的算法有多种，如回归算法、支持向量机算法、聚类算法、降维算法、人工神经网络（ANN，简称神经网络）技术等。

3. 人工智能行动计划

人工智能的发展不是一帆风顺的，它经过了几次起落。最近几年，大数据的形成、AI理论与算法的革新、计算力的提升及网络设施的演进使人工智能的发展进入了新阶段，未来的5年、10年将是人工智能大放光彩的时代，人工智能将成为变革社会的重要推动力。我国党和政府高度重视人工智能的发展。2017年首次将人工智能写进了《政府工作报告》，同年7月国务院发布《新一代人工智能发展规划》，确立了"三步走"的战略目标：到2020年人工智能总体技术和应用与世界先进水平同步；到2025年人工智能基础理论实现重大突破、技术与应用部分达到世界领先水平；到2030年人工智能理论、技术与应用总体达到世界领先水平，成为世界主要人工智能创新中心。2017年12月，工业和信息化部印发了《促进新一代人工智能产业发展三年行动计划（2018—2020年）》，指出了发展人工智能的具体行动目标和努力方向。按行动计划要求，到2020年，我国人工智能8类重点产品应取得规模化发展，它们是：

（1）智能网联汽车。建立可靠、安全、实时性强的智能网联汽车智能化平台，形成平台相关标准，支撑高度自动驾驶（HA级）。

（2）智能服务机器人。实现智能家庭服务机器人、智能公共服务机器人的批量生产及应用，实现医疗康复、助老助残、消防救灾等机器人样机生产及应用示范。

（3）智能无人机。智能消费级无人机三轴机械增稳云台精度达到0.005度，实现360度全向感知避障，实现自动智能强制避让航空管制区域。

（4）医疗影像辅助诊断系统。支持脑、肺、眼、骨、心脑血管、乳腺等典型疾病领域的医学影像辅助诊断技术研发，加快其产品化及临床辅助应用。到2020年，国内先进的医疗影像辅助诊断系统对以上典型疾病的检出率超过95%，假阴性率低于1%，假阳性率低于5%。

（5）视频图像身份识别系统。发展人证合一、视频监控、图像搜索、视频摘要等典型应用，拓展在安防、金融等重点领域的应用。到2020年，复杂动态场景下人脸识别有效检出率超过97%，正确识别率超过90%。

（6）智能语音交互系统。支持口语化语音识别、个性化语音识别智能对话、音视频融合、语音合成等技术的创新应用。到2020年，实现多场景下中文语音识别平均准确率达到96%，5米远场识别率超过92%，用户对话意图识别准确率超过90%。

（7）智能翻译系统。推动高精准智能翻译系统应用，提升多语言互译、同声传译等应用场景的准确度和实用性。到2020年，中译英、英译中场景下产品的翻译准确率超过85%，少数民族语言与汉语的智能互译准确率显著提升。

（8）智能家居产品。丰富智能家居产品类别，智能电视市场渗透率达90%以上，安防产品智能化水平显著提升。

第6章 计算机信息系统与数据库

6.1 计算机信息系统

6.1.1 概述

计算机信息系统（computer-based information system，简称信息系统）是一类以提供信息服务为主要目的的数据密集型、人机交互的计算机应用系统。具有以下四个特点：

（1）涉及的数据量大，有时甚至是海量。

（2）绝大部分数据是持久的，需要长期保留在计算机中（外存储器中）。

（3）这些持久的数据为多个应用程序和多个用户所共享。

（4）除具有数据采集、存储、传输和管理等基本功能外，还可向用户提供信息检索，统计报表、事务处理、分析、控制、预测、决策、报警、提示等信息服务。

信息系统基础设施是指支持系统运行的硬件、系统软件和网络。在计算机硬件、系统软件和网络等基础设施支撑下运行的计算机信息系统，其结构如图6-1所示，通常可以划分为三个层次：

（1）资源管理层：各类数据信息，资源管理系统，主要有数据库管理系统，数据库等。

（2）业务逻辑层：由实现各种业务功能、流程、规则、策略等应用业务的一组程序代码构成。

（3）应用表现层：通过人机交换方式，将业务逻辑和资源紧密结合，并以直观形象的形式向用户展现。

当前，计算机信息系统已经广泛应用于各个行业和领域的信息化建设。种类繁多。从功能上分，常见的有电子数据处理、管理信息系统、决策支持系统；从应用领域来分，有办公自动化系统、军事指挥信息系统、医疗信息系统、订票系统、电子商务、电子政务等。

图6-1 计算机信息系统层次结构图

6.1.2 信息系统与数据库

通常,图6-1中的资源管理层是由数据库和数据库管理系统所组成的。

1. 数据库

数据库(DB)是长期存储在计算机内、有组织、可共享的数据集合。它是存放大量数据的"仓库"。它是大型信息系统的核心和基础。数据库中的数据必须按一定的方式(称为"数据模型")进行组织、描述和存储,具有较小的冗余度、较高的数据独立性和易扩展性,并可为各种用户所共享。

2. 数据模型

数据模型是数据库中的数据有序地、有组织地进行存储的结构,一般情况下,主要有三种数据模型,如图6-2所示。图6-2(a)以二维表格形式来组织数据的方法称为关系模型,图6-2(b)以树的层次形式来组织数据,图6-2(c)图网状的形式组织数据,建立在上述三种不同数据模型基础上的数据库,分别称为关系数据库、层次数据库和网状数据库。

SNO	SNAME	DEPART	SEX	BDATE	HEIGHT
A041	周光明	自动控制	男	1993.8.10	1.7
C005	张 雷	计算机	男	1994.6.30	1.75
C008	王 宇	计算机	女	1993.8.20	1.62
M038	李霞霞	应用数学	女	1995.10.20	1.65
R098	钱 欣	管理工程	男	1193.5.16	1.8

(a) 关系模型

(b) 层次模型   (c) 网状模型

图6-2 三种数据模型举例

3. 关系数据库

上面说过,采用关系模型的数据库就是关系数据(relational database),采用二维表结构来表示各类实体及其间的联系,二维表由行和列组成。一个关系数据由许多张二维表组成。例如,大学教务信息管理系统的数据库中,就存放着与教务管理相关的大量数据,其中用于反映关于学生选课和成绩管理的有三张二维表(图6-3),分别是学生登记表(数据项有学号、姓名、系别、性别、出生日期、身高),学生选课成绩表(数据有学号、课程号、成绩)和课程开设表(数据项有课程号、课程名、学时、开课学期)。

学生登记表(S)

SNO	SNAME	DEPART	SEX	BDATE	HEIGHT
A041	周光明	自动控制	男	1990.8.10	1.7
C005	张 雷	计算机	男	1991.6.30	1.75
C008	王 宁	计算机	女	1990.8.20	1.62
M038	李霞霞	应用数学	女	1992.10.20	1.65
R098	钱 欣	管理工程	男	1990.5.16	1.8

学生选课成绩表(SC)

SNO	CNO	GRADE
A041	CC112	92
A041	ME234	92.5
A041	MS211	90
C005	CC112	84.5
C005	CS202	82
M038	ME234	85
R098	CS202	75
R098	MS211	70.5

课程开设表(C)

CNO	CNAME	LHOUR	SEMESTER
CC112	软件工程	60	春
CS202	数据库	45	秋
EE103	控制工程	60	春
ME234	数学分析	40	秋
MS211	人工智能	60	秋

图 6-3 教务管理数据库中的三张表

仔细分析一下上面的学生登记表,表中的每一行是一个记录;表中的每一列是一个属性。对应6个属性(学号、姓名、系别、性别、出生日期、身高)。属性有一定的取值范围,称为域,如上表中性别的域是(男、女),系别的值域是个学校所有系名的集合。上表中每个学生的学号都不相同,它可以唯一确定学生。特别需要指出的是,这三张表不是相互孤立的。学生登记表中的SNO(学号),对应学生选课成绩表中的学号;学生选课成绩表中的CNO(课程号),对应课程开设表中的课程号,从而可见这三张表之间有着密切的关联。数据库管理系统可以对二维表进行各种处理和操作,例如并、交、差、选择、投影、连接等。有关内容在下一节再作介绍。

4. 数据库管理系统

资源管理层中与数据库紧密相关的另一个部分是数据库管理系统(data base management system,DBMS),它是一种操纵和管理数据库的大型系统软件,其任务是统一管理和控制整个数据库的建立、运行和维护,使用户能方便地定义数据和操纵数据,并保证数据的安全性、完整性、多用户对数据的并发使用及发生故障后的数据库恢复。用户可以通过DBMS访问数据库中的数据,数据库管理员也通过DBMS进行数据库的维护工作。DBMS提供多种功能,可使多个应用程序和用户用不同的方法在相同或不同时刻去建立、修改和查询数据库。通常,数据库管理系统具有以下几个方面的功能:

(1) 定义数据库的结构,组织与存取数据库中的数据。

(2) 提供交互式的查询。

(3) 管理数据库事务运行。

(4) 为维护数据库提供工具，等等。

现在流行使用的数据库管理系统有多种。具有代表性的有：美国甲骨文公司的 ORACLE，IBM 公司的 DB2，微软公司的 Microsoft SQL Server、Access 和 VFP，以及自由软件 MySQL 和 POSTGRES 等。

6.1.3 信息系统中的数据库访问

所谓"数据库访问"，就是用户（最终用户和程序开发人员）根据使用要求对存储在数据库中的数据进行操作，上面说过，数据库的所有操作都是通过数据库管理系统 DBMS 进行的。为了方便用户进行数据库访问，DBMS 一般都配置有结构化数据库查询语言（structured query language,SQL），供用户使用。SQL 是一种比较接近英语的语言，它具有定义、操纵和控制数据库中数据的能力。详见 6.2 的介绍。

目前计算机信息系统中数据库访问通常采用客户/服务器（C/S）模式或浏览器/服务器（B/S）模式，或者是将两种技术相结合的混合模式。

1. C/S 模式数据库访问

如图 6-4 所示，在这种 C/S 模式中，客户机直接面向用户，应用表现层和业务逻辑层（应用程序）均位于客户机中。用户使用数据库系统时，客户机在屏幕上显示查询表单，接收用户的查询任务，然后执行相应的应用程序。数据库服务器把查询得到的结果返回给客户机。客户机应用程序再按所要求的表格格式展现结果。

图 6-4 C/S 模式的数据库访问　　图 6-5 B/S 模式的数据库访问

2. B/S 模式的数据库访问

如图 6-5 所示。不难看出，这种"B/S 三层模式"实质上是中间增加了 Web 服务器的 CS 模式。其第一层是客户层，客户机上配置有浏览器，它起着应用表现层的作用。中间层是业务逻辑层，其中的 Web 服务器专门为浏览器做"收发工作"和本地静态数据（包括网页、文件系统）的查询，而动态数据则由应用服务器运行动态网页所包括的应用程序而生成，再由 Web 服务器返回给浏览器。B/S 模式的第三层是数据库服务器层，它专门接收使用 SQL 语言描述的查询请求，访问数据库并将查询结果（结果二维表）返回给中间层。ODBC/JDBC 是中间层与数据库服务器层的标准接口（也称为应用程序接口 APD），通过这个接口，不仅可以向数据库服务器提出访问要求，而且还可以互相对话，它可以连接一个数据库服务器，也可以连接多个不同的数据库服务器。

6.2 关系数据库

6.2.1 关系数据模型的二维表结构

1. 关系数据模型的二维表结构

以二维表格形式组织数据的方法称为关系模型,建立在关系模型基础上的数据库称为关系数据库。关系数据库采用二维表结构来表示各类实体及其间的联系,二维表由行和列组成。一个关系数据库由许多张二维表组成。表中的每一行是一个记录;表中的每一列是一个属性。属性有一定的取值范围,称为域,如性别的域是(男、女)。表与表之间不是孤立存在的。例如:学生登记表中的学号对应学生选课成绩表中的学号,学生选课成绩表中的课程号对应课程开设表中的课程号。这种用关系数据模型对一个具体单位中客观对象结构描述,称为关系数据模式:

$$R(A_1, A_2, \cdots, A_i, \cdots, A_n)$$

R 为关系模式名,即二维表表名。$A_i(1 \leqslant i \leqslant n)$ 是属性名。

主键:用它来唯一区分二维表中不同的元组。在关系模式中用下划线标注出的属性就是该模式的主键,如 S(SNO,SNAME,DEPART,SEX,BDATE,HEIGHT)。

2. 关系数据模型的完整性

关系模式用 $R(A_1, A_2, \cdots A_i, \cdots, A_n)$ 表示,仅仅说明关系结构的语法,但并不是每个符合语法的元组都能成为 R 的元组,数据的语义不但会限制属性的值,而且还会制约属性间的关系。数据库系统用这种制约来保证数据的正确性,并称其为关系数据模型的完整性。

6.2.2 二维表的基本操作

1. 选择操作

选择操作是一元操作。它应用于一个关系并产生另一个新关系。新关系中的元组(行)是原关系中元组的子集。选择操作根据要求从原先关系中选择部分元组。结果关系中的属性(列)与原关系相同(保持不变)。如图 6-6 所示。

SNO	SNAME	DEPART	SEX	BDATE	HEIGHT
A041	周光明	自动控制	男	1990.8.10	1.7
C005	张雷	计算机	男	1991.6.30	1.75
C008	王宁	计算机	女	1990.8.20	1.62
M038	李霞霞	应用数学	女	1992.10.20	1.65
R098	钱欣	管理工程	男	1990.5.16	1.8

选择 ↓

SNO	SNAME	DEPART	SEX	BDATE	HEIGHT
A041	周光明	自动控制	男	1990.8.10	1.7
C005	张雷	计算机	男	1991.6.30	1.75
R098	钱欣	管理工程	男	1990.5.16	1.8

图 6-6 选择操作

2. 投影操作

作为一元操作的投影操作,它作用于一个关系并产生另一个新关系。新关系中的属性(列)是原关系中属性的子集。在一般情况下,其元组(行)的数量与原关系保持不变。如图 6-7 所示。

图 6-7 投影操作

3. 连接操作

是一个二元操作。它基于共有属性把两个关系组合起来。连接操作比较复杂并有较多的变化。如图 6-8 所示。

SNO	SNAME	DEPART	SEX	BDATE	HEIGHT
A041	周光明	自动控制	男	1990.8.10	1.7
C005	张 雷	计算机	男	1991.6.30	1.75
C008	王 宁	计算机	女	1990.8.20	1.62
M038	李霞霞	应用数学	女	1992.10.20	1.65
R098	钱 欣	管理工程	男	1990.5.16	1.8

连接

SNO	CNO	GRADE
A041	CC112	92
A041	ME234	92.5
A041	MS211	90
C005	CC112	84.4
C005	CS202	82
M038	ME234	85
R098	CS202	75
R098	MS211	70.5

SNO	SNAME	DEPART	SEX	BDATE	HEIGHT	CNO	GRADE
A041	周光明	自动控制	男	1990.8.10	1.7	CC112	92
A041	周光明	自动控制	男	1990.8.10	1.7	ME234	92.5
A041	周光明	自动控制	男	1990.8.10	1.7	MS211	90
C005	张 雷	计算机	男	1991.6.30	1.75	CC112	84.4
C005	张 雷	计算机	男	1991.6.30	1.75	CS202	82
M038	李霞霞	应用数学	女	1992.10.20	1.65	ME234	85
R098	钱 欣	管理工程	男	1990.5.16	1.8	CS202	75
R098	钱 欣	管理工程	男	1990.5.16	1.8	MS211	70.5

图 6-8 连接操作

6.2.3 关系数据库语言 SQL

关系数据库管理系统一般都配置相应的语言,用户用以对数据库中的二维表进行各式各样的操作,这种语言称为数据库语言。数据库语言有多种,应用最广泛的首推 SQL。它使用方便,简单易学,一些主流 DBMS 产品都实现了 SQL 语言。SQL 语言包括了所有对数据库的操作,其中数据库库查询是数据库的核心操作。

1. SQL 的数据查询

SELECT 语句的基本形式为:

SELECT　　$A_1, A_2, \cdots A_n$　　(指出查询结果表的列名,相当于投影操作)

FROM　　$R_1, R_2, \cdots R_m$　　(指出基本表或视图,相当于连接操作)

[WHERE F]　　　　　　(可省略,F 为条件表达式,相当于选择操作的条件)

2. SQL 的视图

视图是 DBMS 所提供的一种由用户模式观察数据库中数据的重要机制,视图可由基本表或其他视图导出。它与基本表不同,视图只是一个虚表,在数据库中不作为一个实际表存储数据。SQL 语言用 CREATE VIEW 语句建立视图,其一般格式为:

CREATEVIEW<视图名>

自 测 题 6

1. 关系数据库模式 R($A_1, A_2, \cdots A_i \cdots, A_n$)中的 R 表示_____, A_i 表示_____。

2. 在关系数据库 SQL 数据查询 SELECT 语句中,FROM 子句对应于_____操作,WHERE 子句对应于_____操作。

3. 数据库是按一定数据模式组织并长期存放在内存中的一组可共享数据的集合。

4. 从用户角度看,关系数据模型中的数据结构就是二维表。

5. 关系数据模型和关系模式在概念上是一致的,没有区别。

6. 信息系统中 B/S 模式的三层结构是指_____。

A. 应用层,传输层,网络互联层

B. 应用程序层,支持系统层,数据库层

C. 浏览器层,Web 服务器层,数据库服务器层

D. 客户机层,HTTP 网络层,网页层

7. 目前在数据库系统中普遍采用的数据模型是_____。

A. 关系模型　　　B. 层次模型　　　C. 网络模型　　　D. OO 模型

8. 在关系模式中,对应关系的主键必须是_____。

A. 第一个属性或属性组　　　　　　B. 不能为空值的一组属性

C. 能唯一确定元组的一组属性　　　D. 具有整数值的属性组

9. 二维表 R 中有 18 个元组,按一定条件对其进行"选择"操作,得到的结果为二维表 S。S 中的元组个数为_____。

A. 18　　　B. 小于等于 18　　　C. 任意　　　D. 大于等于 18

10. SQL 语言提供了 SELECT 语句进行数据库查询,其查询结果总是一个_____。

A. 属性　　　B. 关系　　　C. 记录　　　D. 元组

延展阅读

一、云计算

1. "云计算"说法的由来

一般而言，企业建立 IT 系统需要拥有一套设备(硬/软件)和专门的维护人员，当其需求变化时还要不断对设备进行升级。而这些设备仅仅是一种为完成任务、提高效率的工具而已。对个人来说，在电脑上安装的一些收费软件，如果不经常使用，那也是非常不划算的。那么，为了节省购买资金，对于所需计算机资源有没有更合理的配置和使用方式呢？能不能采用"租用"硬/软件的方式获得服务呢？正如人们每天都要用电，但不是每家自备发电机，它是由电厂发电通过电网提供的；人们每天都要用水，也不是每家自备水井，它是由自来水厂通过管道提供的。电和水的使用模式极大地降低了用户的使用成本，也方便了人们的生活。

著名的美国计算机科学家约翰·麦卡锡(John McCarthy)在半个世纪前就曾思考过这个问题。1961年的一次演讲中，他提出了要像使用电和水资源那样使用计算资源的想法。随着互联网等技术的发展，2006 年 Google 首先提出"云计算"的应用模式，即由一些大的专业网络公司搭建它的"云"(计算机存储、运算中心)，用户借助浏览器通过互联网来使用"云"所提供的资源和服务。随后其他一些 IT 巨头如亚马逊(Amazon)、IBM 等都纷纷宣布了自己的"云计划"。一时有关"云"的术语(诸如公共云、私有云、云安全、云存储、内部云、外部云，等等)"风起云涌"，那么到底什么是云计算呢？

2. 什么是云计算

关于云计算(cloud computing)的表示和定义有许多说法，这里从"资源"和"服务"的角度来说明它的含义。其实"云"是对网络的一种比喻。因为过去在教科书和论文中往往用云来表示电信网，后来沿用作互联网和底层基础设施的示意。而在云计算中，它表示"计算"的实现场所。作为一种泛指，用它来涵盖互联网后端复杂的计算结构和所能提供的相关计算机资源。具体地说，"云"就是相应的计算机群(每一群包括数量众多的计算机)，以及由它组成能够提供硬件、平台、软件等资源的计算机网络。通过统筹调用，对使用者提供所需的服务。目前，互联网上著名的"云"主要有亚马逊云、微软云、阿里云、BM云、谷歌云和雅虎云等。

3. 云计算的服务

云计算是整合计算资源，并以"即方式"(像电和水一样，实施度量付费)来提供服务的。从服务的内容看，它分别提供 IaaS、PaaS 和 SaaS 三类服务(图 6-9)。

(1) 基础设施即服务(infrastructure as a service, IaaS)。是指将硬件资源(服务器、存储、网络和计算能力等)打包成服务，通过互联网提供给用户使用，并且根据用户对资源的实际使用量或占用量进行计费。相对于用户自行构建企业计算中心(或网站)而言，这种服务使得用户不需要配置价格昂贵的计算机设备，还可以"量身定做"，按照需求随时增减

图 6-9 三类云计算服务

资源的使用量,效果等同于自己更换服务器,而且没有硬/软件维护的开销,大大地节约了计算的运行成本。必须指出,IaaS 中提供给用户的服务器,不是真正意义上的物理服务器,而是虚拟服务器(或称虚拟机)。目前,IaaS 的代表性产品有 Amazon EC2、IBM Blue Cloud、Cisco UCS 等。

(2) 平台即服务(platform as a service,PaaS)。是把计算环境、开发环境等平台作为一种服务提供的应用模式。云计算服务提供商可以将数据库、中间件及开发工具等平台级产品通过 Web 以服务的方式提供给用户。通过 PaaS 服务,软件开发人员可以在不购买和安装开发平台及工具软件的情况下开发新的应用程序。微软的云计算操作系统 Windows Azure 是 Paas 服务的典型代表,它能够向程序员提供相关工具,用以开发移动应用软件、社交应用软件、网站和游戏等方面的软件。例如,可以使用 Windows Azure 构建一个在微软数据中心运行并存储其数据的 Web 应用程序,也可以使用 Windows Azure 创建一个虚拟机用于开发和测试应用程序,等等。

(3) 软件即服务(software as a service,SaaS)。是目前得到广泛应用的一种云计算。指将应用软件统一部署在提供商的服务器上,通过互联网为用户提供应用软件服务。这种方式可以使用户端真正做到"零安装、零维护"。例如,iCloud 是苹果公司所提供的云服务,它可以帮助用户存储音乐、照片、应用程序、联系人和日历等数据(每个用户有 5GB 的免费存储空间),并自动将它们无线推送到用户的其他 iOS 设备上。如用户在 iPhone 手机上建立或者修改的备忘录,或者所拍摄的照片,把它们存储在"云"端后,该用户的 iPad 平板电脑和 Mac 笔记本中的备忘录及照片集均会通过网络自动进行更新,这就为用户提供了很多方便。

不难看出,以上三类"即方式"的云计算服务,将使用户的使用观念从"购买产品"转变到"购买服务",用户直接面对的不再是复杂的硬件和软件,而是最终服务。

二、大数据简介

1. 大数据的含义和特征

大数据并不是一个新词,相关专家早在 20 世纪 90 年代就经常提到"big data"了。当前，人们之所以更加重视大数据，要归结于近年来互联网、云计算、移动互联网和物联网的迅猛发展。无所不在的移动设备、RFID、无线传感器每分每秒都在产生数据，数以亿计的互联网用户相互间的交互也在不断地生成新的数据。要处理这样规模大、增长快且实时性、有效性具有更高要求的"大数据"，传统的常规技术和手段已经无法应付了。必须注意，这里说的大数据不仅仅指数据量之大。它还指：

（1）更大的容量（volume）。如随着物联网的广泛应用，信息感知无处不在，其计量单位至少是 PB（1000 个 TB）、EB（100 万个 TB）或 ZB（1 亿个 TB）。

（2）数据的多样性（variety）。相对于以往便于存储的关系类结构化数据而言，包括网络日志、音频、视频、图片、地理位置等的非结构化数据越来越多。这些多样性的数据对其存储、管理和分析能力提出了新的要求。

（3）数据的处理速度（velocity）。主要是指有效处理大数据需要在数据变化过程中及时进行分析处理，而不是在它静止后进行分析。因而传统的技术架构和方法，已经很难高效处理如此海量的数据了。

2. 云计算与大数据的关系

云计算和大数据都是信息技术发展中出现的新理念和计算形态，两者有不少相似之处，它们是为数据存储和管理服务的，都需要占用大量的存储和计算资源，而大数据的海量数据的存储、管理和并行处理技术也都是云计算的关键技术。

然而，从应用需求的角度看，云计算和大数据是有区别的。前者体现在资源的服务模式方面，主要指资源动态分配和按需付费的商业模式，就像计算机和操作系统，它将大量的硬件资源虚拟化之后再进行分配使用。后者相当于海量数据的"数据库"，面向业务问题解决并关注数据架构，其需求主要集中在分析和决策应用方面。

不难发现云计算与大数据技术的发展密切相关，它们均需要构建一种新的计算架构，使用并行处理技术，用以解决海量"非结构"数据的存储、管理和分析。于是，具有可扩展能力的分布式存储成为其数据的主流架构方式。在具体应用方面，两者实际上是工具和应用的关系。即云计算为大数据提供了有力的工具，而大数据也为云计算大规模与分布式的计算能力提供了应用空间。可以说，大数据技术是云计算技术的延伸。

综上所述，云计算与大数据相结合，两者相得益彰，都能发挥其最大优势。这样，云计算能为大数据分析提供强大的基础设施和计算资源（包括计算能力、存储能力、交互能力等），以其动态和可伸缩的计算能力使得大数据分析挖掘成为可能；而来自大数据的决策性的业务需求则为云计算服务找到了更好的实际应用。

第二部分

真 题 卷 》

扫一扫
可获取相关素材

真题卷一

一、单选题

1. 计算机是一种通用的信息处理工具，下面是关于计算机信息处理能力的叙述：
   ① 不但能处理数值数据，而且还能处理图像和声音等非数值数据；
   ② 它不仅能对数据进行计算，而且还能进行分析和推理；
   ③ 具有极大的信息存储能力；
   ④ 它能方便而迅速地与其他计算机交换信息。
   上面这些叙述中_____是正确的。
   A. ①②④　　　B. ①②③　　　C. ①②③④　　　D. ①③④

2. 在个人计算机中，带符号二进制整数是采用_____编码方法表示的。
   A. 原码　　　B. 反码　　　C. 补码　　　D. 移码

3. PC机加电启动时所执行的一组指令是永久性地存放在_____中的。
   A. CPU　　　B. 硬盘　　　C. ROM　　　D. RAM

4. PC机所使用的硬盘大多使用_____接口与主板相连接。
   A. SCSI　　　　　　　　B. VGA
   C. PS/2　　　　　　　　D. PATA(IDE)或SATA

5. 总线最重要的性能指标是它的带宽。若总线的数据线宽度为16位，总线的工作频率为133MHz，每个总线周期传输一次数据，则其带宽为_____。
   A. 266MB/s　　B. 2128MB/s　　C. 133MB/s　　D. 16MB/s

6. 在PC机中，CPU芯片是通过_____安装在主板上的。
   A. AT总线槽　　　　　　B. PCI(PCI-E)总线槽
   C. CPU插座　　　　　　D. I/O接口

7. 移动存储器有多种，目前已经不常使用的是_____。
   A. U盘　　　B. 存储卡　　　C. 移动硬盘　　　D. 磁带

8. 关于PC机主板的叙述中错误的是_____。
   A. CPU和内存条均通过相应的插座槽安装在主板上
   B. 芯片组是主板的重要组成部分，所有存储控制和I/O控制功能大多集成在芯片组内
   C. 为便于安装，主板的物理尺寸已标准化
   D. 硬盘驱动器也安装在主板上

9. 下面是关于操作系统虚拟存储器技术优点的叙述，其中错误的是_____。
   A. 虚拟存储器可以克服内存容量有限不够用的问题
   B. 虚拟存储器用于构作软件防火墙，有效抵御黑客的入侵
   C. 虚拟存储器对多任务处理提供了有力的支持

D. 虚拟存储器技术的指导思想是"以时间换取空间"

10. 计算机病毒是一种对计算机系统具有破坏性的_____。
 A. 操作系统 B. 生物病毒
 C. 计算机程序 D. 杂乱无章的数据

11. 为求解数值计算问题而选择程序设计语言时,一般不会选用_____。
 A. FORTRAN B. C语言
 C. Visual FoxPro D. MATLAB

12. 下列有关操作系统作用的叙述中,正确的是_____。
 A. 有效地管理计算机系统的资源是操作系统的主要任务之一
 B. 操作系统只能管理计算机系统中的软件资源,不能管理硬件资源
 C. 操作系统运行时总是全部驻留在主存储器内的
 D. 在计算机上开发和运行应用程序与操作系统无关

13. 计算机通过下面_____方式上网时,需要使用电话线。
 A. 手机 B. 局域网 C. ADSL D. Cable Modem

14. 如果发现计算机磁盘已染有病毒,则一定能将病毒清除的方法是_____。
 A. 将磁盘格式化 B. 删除磁盘中所有文件
 C. 使用杀毒软件进行杀毒 D. 将磁盘中文件复制到另外一个磁盘中

15. 一个家庭为解决一台台式PC机和一台笔记本电脑同时上网问题,既方便又节省上网费用的方法是_____。
 A. 申请两门电话,采用拨号上网
 B. 申请两门电话,通过ADSL上网
 C. 申请一门电话,一台通过ADSL上网,一台拨号上网
 D. 申请一门电话,再购置一台支持路由功能的交换机,交换机接入ADSL,通过交换机同时上网

16. 下列关于域名的叙述中,错误的是_____。
 A. 域名是IP地址的一种符号表示
 B. 上网的每台计算机都有一个IP地址,所以也有一个各自的域名
 C. 把域名翻译成IP地址的软件称为域名系统DNS
 D. 运行域名系统DNS的主机叫作域名服务器,每个校园网都有一个域名服务器

17. 下列几种措施中,可以增强网络信息安全的是_____:(1)身份认证;(2)访问控制;(3)数据加密;(4)防止否认。
 A. (2)(3)(4) B. (1)(2)(3)(4)
 C. (1)(2)(4) D. (3)(4)

18. 下列特性中,不属于计算机病毒特性的是_____。
 A. 免疫性 B. 隐蔽性 C. 破坏性 D. 传染性

19. 下列关于局域网资源共享的叙述中正确的是_____。
 A. 通过Windows的"网上邻居",局域网中相同工作组的计算机可以相互共享软硬

件资源

   B. 相同工作组中的计算机可以无条件地访问彼此的所有文件

   C. 即使与因特网没有物理连接,局域网中的计算机也可以进行网上银行支付

   D. 无线局域网对资源共享的限制比有线局域网小得多

20. 一本 100 万字(含标点符号)的现代中文长篇小说,以 .txt 文件格式保存在 U 盘中时,需要占用的存储空间大约是_____。

   A. 512KB   B. 1MB   C. 2MB   D. 4MB

21. 1KB 的内存空间中能存储 GB2312 汉字的个数最多为_____。

   A. 128   B. 256   C. 512   D. 1024

22. 下列有关汉字编码标准的叙述中,错误的是_____。

   A. GB2312 国标字符集所包含的汉字许多情况下已不够使用

   B. Unicode 字符集既包括简体汉字,也包括繁体汉字

   C. GB18030 编码标准中所包含的汉字数目超过 2 万字

   D. 我国台湾地区使用的汉字编码标准是 GBK

23. 以下所列各项中,_____不是计算机信息系统所具有的特点。

   A. 涉及的数据量很大,有时甚至是海量的

   B. 绝大部分数据需要长期保留在计算机系统(主要指外存储器)中

   C. 系统中的数据为多个应用程序和多个用户所共享

   D. 系统对数据的管理和控制都是实时的

二、判断题

1. 所谓集成电路,指的是在半导体单晶片上制造出含有大量电子元件和连线的微型化的电子电路或系统。

2. 计算机的字长越长,意味着其运算速度越快,但并不代表它有更大的寻址空间。

3. 在 CPU 内部,它所执行的指令都是使用 ASCII 字符表示的。

4. 在计算机的各种输入设备中,只有通过键盘才能输入汉字。

5. 常用的磁盘清理程序、格式化程序、文件备份程序等称为"实用程序",它们不属于系统软件。

6. 当计算结果为无穷小数时,算法可以无穷尽地执行,永不停止。

7. 接入无线局域网的每台计算机都需要有 1 块无线网卡,其数据传输速率目前已可达到 1Gb/s。

8. 通信系统中携带了信息的电信号(或光信号),只能以数字信号的形式在信道中传输。

9. 数字签名在电子政务、电子商务等领域中应用越来越普遍,我国法律规定,它与手写签名或盖章具有同等的效力。

10. 数字签名主要目的是鉴别消息来源的真伪,它不能保证消息在传输过程中是否被篡改。

11. 使用计算机绘制图像的过程很复杂,需要进行大量计算,这是由软件和硬件(显

示卡)合作完成的。

三、填空题

1. 与十进制数 0.25 等值的二进制数是(　　　　)。

2. 在计算机网络中,由若干台计算机共同完成一个大型信息处理任务,通常称这样的信息处理方式为分布式信息处理。这里的"若干台计算机"至少应有(　　　　)台计算机。

3. IEEE 1394 主要用于连接需要高速传输大量数据的(　　　　)设备,其数据传输速度可高达 400Mb/s。

4. 为了降低 PC 机的成本,现在显示控制器已经越来越多地包含在主板芯片组中,不再做成独立的显卡,这种逻辑上存在而实际已看不见的显卡通常称为(　　　　)显卡。

5. 前些年计算机使用的液晶显示器大都采用荧光灯管作为其背光源,这几年开始流行使用(　　　　)背光源,它的显示效果更好,也更省电。

6. 操作系统提供了任务管理、文件管理、存储管理、设备管理等多种功能,其中(　　　　)管理用于解决数据和程序在磁盘等外存储器中如何有效存储和访问等问题。

7. 发送电子邮件时如果把对方的邮件地址写错了,这封邮件将会(销毁、退回、丢失、存档)(　　　　)。

8. 每块以太网卡都有一个全球唯一的(　　　　)地址,该地址由 6 个字节(48 个二进位)组成。

9. 计算机联网的主要目的是(　　　　)、资源共享、实现分布式信息处理和提高计算机系统的可靠性和可用性。

10. 一幅分辨率为 512×512 的彩色图像,其 R、G、B 三个分量分别用 8 个二进位表示,则未进行压缩时该图像的数据量是(　　　　)KB(1KB=1 024B)。

11. 像素深度即像素所有颜色分量的二进位数之和。黑白图像的像素深度为(　　)。

四、Word 操作

1. 将页面设置为:A4 纸,上、下页边距为 2.6 厘米,左、右页边距为 3.2 厘米,每页 42 行,每行 38 个字符;

2. 给文章加标题"了解量子通信",设置其格式为黑体、一号字、标准色-蓝色,居中显示;

3. 设置正文第一段首字下沉 3 行,距正文 0.2 厘米,首字字体为楷体,其余各段设置为首行缩进 2 字符;

4. 将正文中所有的"量子通信"设置为标准色-绿色、加双下划线;

5. 参考样张,在正文适当位置插入图片"量子通信.jpg",设置图片高度为 4 厘米、宽度为 5 厘米,环绕方式为四周型;

6. 设置奇数页页眉为"量子通信",偶数页页眉为"前沿科技",均居中显示,并在所有页的页面底端插入页码,页码样式为"三角形 2";

7. 将正文最后一段分为偏右两栏,栏间加分隔线。

五、Word 样张

六、Excel 操作

1. 在"地区统计"工作表中,设置第一行标题文字"中职校教工地区统计"在 A1:H1 单元格区域合并后居中,字体格式为黑体、16 号字、标准色-红色;

2. 将"Sheet1"工作表改名为"教工职称";

3. 在"教工职称"工作表中,隐藏第 5、第 6 行,并将 I 列列宽设置为 12;

4. 在"教工职称"工作表的 I 列中,利用公式计算高级职称占比:高级职称占比=(正高级人数+副高级人数)/教师总数,结果以带 2 位小数的百分比格式显示;

5. 在"地区统计"工作表的 B 列中,利用公式计算各地区的合计(合计值为其右方 C 列至 H 列数据之和);

6. 在"地区统计"工作表中,按"合计"进行降序排序;

7. 参考样张,在"地区统计"工作表中,根据合计排名前五的地区数据,生成一张"三维簇状柱形图",嵌入当前工作表中,图表上方标题为"教工人数前五的地区",无图例,显示数据标签。

七、Excel 样张

八、PowerPoint 操作

1. 设置所有幻灯片背景为预设颜色"金色年华",所有幻灯片切换效果为垂直百叶窗,并伴有风铃声;

2. 在第二张幻灯片中插入图片"star.jpg",设置图片高度为 13 厘米、宽度为 26 厘米,图片的位置为:水平方向距离左上角 4 厘米,垂直方向距离左上角 5 厘米,设置图片的动画效果为浮入(上浮);

3. 为第三张幻灯片中带项目符号的文字创建超链接,分别指向具有相应标题的幻灯片;

4. 利用幻灯片母版,在所有幻灯片的右上角插入五角星形状,单击该形状,超链接指向第一张幻灯片;

5. 在所有幻灯片中插入页脚"太阳系八大行星"。

九、PowerPoint 样张

真题卷二

一、单选题

1. 20世纪四五十年代的第一代计算机主要应用于_____领域。
   A. 数据处理　　　　　　　　B. 工业控制
   C. 人工智能　　　　　　　　D. 科学计算

2. 下列四个不同进位制的数中最大的数是_____。
   A. 十进制数 73.5　　　　　　B. 二进制数 1001101.01
   C. 八进制数 115.1　　　　　 D. 十六进制数 4C.4

3. CMOS存储器中存放了计算机的一些参数和信息,其中不包含在内的是_____。
   A. 当前的日期和时间　　　　B. 硬盘数目与容量
   C. 开机的密码　　　　　　　D. 基本外围设备的驱动程序

4. 下列关于打印机的说法,错误的是_____。
   A. 喷墨打印机是使墨水喷射到纸上形成图像或字符的
   B. 针式打印机只能打印汉字和 ASCII 字符,不能打印图像
   C. 激光打印机是利用激光成像、静电吸附碳粉原理工作的
   D. 针式打印机是击打式打印机,喷墨打印机和激光打印机是非击打式打印机

5. 下面关于硬盘存储器结构与组成的叙述中,错误的是_____。
   A. 硬盘由磁盘盘片、主轴与主轴电机、移动臂、磁头和控制电路等组成
   B. 磁盘盘片是信息的存储介质
   C. 磁头的功能是读写盘片上所存储的信息
   D. 盘片和磁头密封在一个盒状装置内,主轴电机安装在 PC 主板上

6. PC机使用的芯片组大多由两块芯片组成,它们的功能主要是_____和 I/O 控制。
   A. 寄存数据　　　　　　　　B. 存储控制
   C. 运算处理　　　　　　　　D. 高速缓冲

7. 下面关于鼠标器的叙述中,错误的是_____。
   A. 鼠标器输入计算机的是其移动时的位移量和移动方向
   B. 不同鼠标器的工作原理基本相同,区别在于感知位移信息的方法不同
   C. 鼠标器只能使用 PS/2 接口与主机连接
   D. 触摸屏具有与鼠标器类似的功能

8. 相比较而言,下列存储设备最不便于携带使用的是_____。
   A. IDE 接口硬盘　　　　　　B. 存储卡
   C. U 盘　　　　　　　　　　D. USB 接口硬盘

9. 以下关于中文 Windows 文件管理的叙述中,错误的是_____。
   A. 文件夹的名字可以用英文或中文
   B. 文件的属性若是"系统",则表示该文件与操作系统有关
   C. 根文件夹(根目录)中只能存放文件夹,不能存放文件
   D. 子文件夹中既可以存放文件,也可以存放文件夹,从而构成树型的目录结构

10. 下面关于程序设计语言的说法错误的是_____。
    A. FORTRAN 语言是一种用于数值计算的面向过程的程序设计语言
    B. Java 是面向对象用于网络环境编程的程序设计语言
    C. C 语言所编写的程序,可移植性好
    D. C++是面向过程的语言,VC++是面向对象的语言

11. 下列关于操作系统设备管理的叙述中,错误的是_____。
    A. 设备管理程序负责对系统中的各种输入输出设备进行管理
    B. 每个设备都有自己的驱动程序
    C. 设备管理程序负责处理用户和应用程序的输入输出请求
    D. 设备管理程序驻留在 BIOS 中

12. 在 Windows 操作系统中,系统约定第一个硬盘的盘符必定是_____。
    A. A: B. B: C. C: D. D:

13. 以下 IP 地址中只有_____可用作某台主机的 IP 地址。
    A. 62.26.1.256   B. 202.119.24.5
    C. 78.0.0.0   D. 223.268.129.1

14. 下列_____不是杀毒软件。
    A. 金山毒霸   B. FlashGet
    C. Norton AntiVirus   D. 卡巴斯基

15. 下列有关计算机网络客户/服务器工作模式的叙述中,错误的是_____。
    A. 采用客户/服务器模式的网络一般都是小型网络
    B. 客户请求使用的资源需通过服务器提供
    C. 客户/服务器工作模式简称为 C/S 模式
    D. 客户工作站与服务器都应运行相关的软件

16. 路由器(router)用于异构网络的互联,它跨接在几个不同的网络之中,所以使用的 IP 地址个数为_____。
    A. 1 个   B. 2 个
    C. 3 个   D. 连接的物理网络数目

17. 在 Word 文档"doc1"中,把文字"图表"设为超链接,指向一个名为"Table1"的 Excel 文件,则链源为_____。
    A. 文件"Table1.xls"   B. Word 文档"doc1.doc"
    C. Word 文档的当前页   D. 文字"图表"

18. 下列有关网络操作系统的叙述中,错误的是_____。

A. 网络操作系统通常安装在服务器上运行
B. 网络操作系统应能满足用户的任何操作请求
C. 网络操作系统必须具备强大的网络通信和资源共享功能
D. 利用网络操作系统可以管理、检测和记录客户机的操作

19. 以下有关无线通信技术的叙述中,错误的是_____。
A. 无线通信不需要架设传输线路,节省了传输成本
B. 允许通信终端在一定范围内随意移动,方便了用户
C. 电波通过自由空间传播时,能量集中,传输距离可以很远
D. 容易被窃听、也容易受干扰

20. 因特网为我们提供了一个海量的信息资源库,为了快速地找到需要的信息,必须使用搜索引擎,下面_____不是搜索引擎。
A. Google   B. Adobe   C. 百度   D. Bing(必应)

21. 数字图像的文件格式有多种,下列_____图像文件能够在网页上发布并可具有动画效果。
A. BMP   B. GIF   C. JPEG   D. TIF

22. 图形也称为计算机合成图像,它是发明摄影技术和电影电视技术之后最重要的一种生成图像的方法。下面关于计算机图形的叙述中,错误的是_____。
A. 计算机只能生成假想或抽象景物的图像,不能生成实际景物的具有真实感的图像
B. 计算机不仅能生成静止图像,而且还能生成各种运动、变化的动态图像
C. 显卡(图形加速卡)在生成图像的过程中起着重要作用,许多处理都是由显卡完成的
D. 计算机合成图像在产品设计、绘图、广告制作等领域有着广泛的应用

二、判断题

1. 非接触式 IC 卡利用电磁感应方式给芯片供电,实现无线传输数据。
2. 在 Windows 系统中,按下【Alt+PrintScreen】键可以将桌面上当前窗口的图像复制到剪贴板中。
3. 计算机常用的输入设备为键盘和鼠标器。笔记本电脑常使用轨迹球、指点杆和触摸板等替代鼠标器。
4. CPU 执行的指令都是使用二进制代码表示的。
5. 软件必须依附一定的硬件和软件环境,否则它可能无法正常运行。
6. 应用软件分为通用应用软件和定制应用软件,学校教务管理软件属于定制应用软件。
7. 收音机可以收听许多不同电台的节目,是因为广播电台采用了频分多路复用技术播送其节目。
8. 使用双绞线作为通信传输介质,具有成本低、可靠性高、传输距离长等优点。
9. 现代通信指的是使用电波或光波传递信息的技术,所以也称为电信。
10. 在网络环境中一般都采用高强度的指纹技术对身份认证信息进行加密。

11. 在利用计算机生成图形的过程中,描述景物形状结构的过程称为"绘制",也叫图像合成。

12. 在一个关系数据库中存在多张二维表,这些二维表的"主键"标识,可能相同,也可能不同。

三、填空题

1. 采用大规模或超大规模集成电路的计算机属于第(　　　　)代计算机。

2. 半导体存储芯片分为 RAM 和 ROM 两种,RAM 的中文全称是(　　　　)存储器。

3. 利用(　　　　)器,一个 USB 接口最多能连接 100 多个设备。

4. PC 机的主存储器是由若干 DRAM 芯片组成的,目前它完成一次完整的存取操作所用时间大约是几十个(　　　　)s。

5. 当 CapsLock 指示灯不亮时,按下(　　　　)键的同时,按字母键,可以输入大写字母。

6. 微软公司在 Windows 系统中安装的 Web 浏览器软件名称是(　　　　)。

7. 通过网站的起始网页就能访问该网站上的其他网页,该网页称为(　　　　)。

8. 某个网页的 URL 为 http://zhidao.baidu.com/question/76024285.html,该网页所在的 Web 服务器的域名是(　　　　)。

9. 以下通信方式中,(　　　　)都属于微波远距离通信:①卫星通信;②光纤通信;③地面微波接力通信。

10. 一幅图像若其像素深度是 8 位,则它能表示的不同颜色的数目为(　　　　)。

11. 采用网状结构组织信息,各信息按照其内容的关联性用指针互相链接起来,使得阅读时可以非常方便地实现快速跳转的一种文本,称为(　　　　)。

四、Word 操作

1. 将页面设置为:A4 纸,上、下页边距为 2.6 厘米,左、右页边距为 3.2 厘米,每页 43 行,每行 40 个字符;

2. 给文章加标题"了解篆刻",设置其格式为隶书、二号字,居中显示,标题段落填充主题颜色-茶色、背景 2、深色 10%的底纹;

3. 设置正文各段首行缩进 2 字符,段前段后间距 0.2 行;

4. 给正文中加粗且有下划线的第二、第四、第六段添加菱形项目符号;

5. 参考样张,在正文适当位置插入图片"篆刻.jpg",设置图片高度、宽度缩放比例均为 60%,环绕方式为四周型,图片样式为简单框架、黑色;

6. 在正文第一行第一个"镌刻"后插入脚注"把铭文刻或画在坚硬物质或石头上";

7. 设置奇数页页眉为"篆刻简介",偶数页页眉为"篆刻起源",均居中显示,并在所有页的页面底端插入页码,页码样式为"粗线"。

五、Word 样张

六、Excel 操作

1. 在"女子个人"工作表中,设置第一行标题文字"女子个人 10 米气手枪成绩"在 A1:O1 单元格区域合并后居中,字体格式为方正姚体、18 号字、标准色-红色;

2. 在"女子个人"工作表的 H 列和 N 列中,利用公式计算每个运动员的成绩一和成绩二(成绩一为前五发成绩之和,成绩二为后五发成绩之和),结果以带 1 位小数的数值格式显示;

3. 在"女子个人"工作表的 O 列中,利用公式计算每个运动员的总成绩(总成绩＝成绩一＋成绩二);

4. 删除"男团"工作表的"成绩一""成绩二"列,并隐藏"运动员注册号"列;

5. 在"男团"工作表中,按照"省市"升序排序;

6. 在"男团"工作表中,按照"省市"进行分类汇总,统计各省市运动员的总成绩之和,汇总结果显示在数据下方;

7. 参考样张,在"男团"工作表中,根据分类汇总数据,生成一张反映各省市男团总成绩的"簇状柱形图",嵌入当前工作表中,图表上方标题为"男子团体 10 米气手枪成绩"、16 号字,无图例,显示数据标签,并放置在数据点结尾之外。

七、Excel 样张

八、PowerPoint 操作

1. 设置所有幻灯片背景为"蓝色面巾纸"纹理，除标题幻灯片外，为其他幻灯片添加幻灯片编号；

2. 交换第一张和第二张幻灯片，并将文件"memo"中的内容作为第三张幻灯片的备注；

3. 将第三张幻灯片文本区中的内容转换成 SmartArt 中的垂直块列表；

4. 在第四张幻灯片中插入图片"table.jpg"，设置图片的动画效果为"泪滴形"动作路径；

5. 将幻灯片大小设置为 35 毫米幻灯片，并为最后一张幻灯片中的图片创建超链接，单击图片指向第一张幻灯片。

九、PowerPoint 样张

扫一扫
可获取相关素材

一、单选题

1. 下列有关信息技术和信息产业的叙述中,错误的是_____。

A. 信息技术与传统产业相结合,对传统产业进行改造,极大提高了传统产业的劳动生产率

B. 信息产业专指生产制造信息设备的行业与部门,不包括信息服务业

C. 信息产业已经成为世界范围内的朝阳产业和新的经济增长点

D. 我国现在已经成为世界信息产业的大国

2. 下列关于比特的叙述中错误的是_____。

A. 比特是组成数字信息的最小单位

B. 比特既可以表示数值和文字,也可以表示图像或声音

C. 比特只有"0"和"1"两个符号

D. 比特通常使用大写的英文字母 B 表示

3. 下列说法中,只有_____是正确的。

A. ROM 是只读存储器,其中的内容只能读一次

B. 外存中存储的数据必须先传送到内存,然后才能被 CPU 进行处理

C. 硬盘通常安装在主机箱内,所以硬盘属于内存

D. 任何存储器都有记忆能力,即其中的信息永远不会丢失

4. 下面有关计算机输入输出操作的叙述中,错误的是_____。

A. 没有 I/O 操作,计算机就无法与外界(包括人、环境、其他计算机等)交换信息

B. 输入操作的任务是将输入设备输入的信息送入内存的指定区域

C. 输出操作的任务是将内存指定区域的内容送到输出设备进行输出

D. 所有各种 I/O 设备使用同一个 I/O 控制器控制其操作

5. 关于 PC 机主板上的 CMOS 芯片,下面说法中正确的是_____。

A. CMOS 芯片用于存储计算机系统的配置参数,它是只读存储器

B. CMOS 芯片用于存储加电自检程序

C. CMOS 芯片用于存储 BIOS,是易失性的

D. CMOS 芯片需要一个电池给它供电,否则其中的数据在主机断电时会丢失

6. 硬盘上的每一个扇区要用三个参数来定位,即:_____。

A. 磁盘号、磁道号、扇区号

B. 柱面号、扇区号、簇号

C. 柱面号、磁头号、簇号

D. 柱面号、磁头号、扇区号

7. 在 PC 机中负责各类 I/O 设备控制器与 CPU、存储器之间相互交换信息、传输数

据的一组公用信号线及相关控制电路称为_____。

    A. I/O 总线   B. CPU 总线

    C. 存储器总线   D. 前端总线

8. 下列有关磁盘存储器的叙述中，错误的是_____。

    A. 磁盘盘片的表面分成若干个同心圆，每个圆称为一个磁道

    B. 硬盘上的数据存储地址由两个参数定位：磁道号和扇区号

    C. 硬盘的盘片、磁头及驱动机构全部密封在一起，构成一个密封的组合件

    D. 每个磁道分为若干个扇区，每个扇区的容量一般是 512 字节

9. 使用软件 MS Word 打开文件 C:\ABC.doc 进行处理时，是将_____。

    A. 内存中的文件输出到显示器

    B. 内存中的文件读至硬盘并输出到显示器

    C. 硬盘上的文件读至内存，并输出到显示器

    D. 硬盘上的文件读至显示器

10. C 语言程序中的算术表达式（如 X+Y−Z），属于高级程序语言中的_____成分。

    A. 数据   B. 运算

    C. 控制   D. 传输

11. 用高级语言和机器语言编写具有相同功能的程序时，下列说法中错误的是_____。

    A. 前者比后者可移植性强   B. 前者比后者执行速度快

    C. 前者比后者容易编写   D. 前者比后者容易修改

12. 操作系统的作用之一是_____。

    A. 将源程序编译为目标程序

    B. 实现企业目标管理

    C. 控制和管理计算机系统的软硬件资源

    D. 实现文字编辑、排版功能

13. 有关路由器 IP 地址的下列说法中，正确的是_____。

    A. 网络中的路由器可不分配 IP 地址

    B. 网络中的路由器不能有 IP 地址

    C. 网络中的路由器应分配两个以上的 IP 地址

    D. 网络中的路由器只能分配一个 IP 地址

14. 局域网常用的拓扑结构有环型、星型和_____。

    A. 超链型   B. 总线型

    C. 蜂窝型   D. 分组型

15. 计算机网络有客户/服务器和对等模式两种工作模式。下列有关网络工作模式的叙述中，错误的是_____。

    A. Windows 操作系统中的"网上邻居"是按对等模式工作的

B. 在 C/S 模式中通常选用一些性能较高的计算机作为服务器

C. 因特网"BT"下载服务采用对等工作模式,其特点是"下载的请求越多、下载速度越快"

D. 两种工作模式均要求计算机网络的拓扑结构必须为总线型结构

16. 计算机感染病毒后会产生各种异常现象,但一般不会引起_____。
    A. 文件占用的空间变大了　　　　　　B. 应用程序运行速度变慢了
    C. 屏幕显示异常图形　　　　　　　　D. 主机内的风扇不转了

17. 假设 192.168.0.1 是某个 IP 地址的"点分十进制"表示,则该 IP 地址的二进制表示中最高 3 位一定是_____。
    A. 011　　　　　B. 100　　　　　C. 101　　　　　D. 110

18. 简单文本也叫纯文本,在 Windows 操作系统中其后缀名为_____。
    A. txt　　　　　B. doc　　　　　C. rtf　　　　　D. html

19. Internet 使用 TCP/IP 协议实现了全球范围的计算机网络的互联,连接在 Internet 上的每一台主机都有一个 IP 地址,下面不能作为 IP 地址的是_____。
    A. 201.109.39.68　　　　　　　　　B. 120.34.0.18
    C. 21.18.33.48　　　　　　　　　　D. 127.0.257.1

20. 人们说话时所产生的语音信号必须数字化以后才能由计算机存储和处理。假设语音信号数字化时取样频率为 8kHz,量化精度为 8 位,数据压缩比为 4,那么 1 分钟数字语音的数据量是_____。
    A. 960kB　　　　B. 480kB　　　　C. 120kB　　　　D. 60kB

21. 声卡是获取数字声音的重要设备,在下列有关声卡的叙述中,不正确的是_____。
    A. 声卡既负责声音的数字化(输入),也负责声音的重建(输出)
    B. 声卡既处理波形声音,也负责 MIDI 声音的输入与合成
    C. 声卡中数字信号处理器(DSP)在完成数字声音编码、解码及编辑操作中起着重要的作用
    D. 因为声卡非常复杂,所以它们都做成独立的 PCI 插卡形式

22. 彩色图像所使用的颜色描述方法称为颜色模型。显示器使用的颜色模型为 RGB 三基色模型,彩色打印机所使用的颜色模型大多为_____。
    A. YUV　　　　　B. HSB　　　　　C. CMYK　　　　D. RGB

23. SQL 语言提供了 SELECT 语句进行数据库查询,其查询结果总是一个_____。
    A. 关系　　　　　B. 记录　　　　　C. 元组　　　　　D. 属性

二、判断题

1. 接触式 IC 卡必须将 IC 卡插入读卡机卡口中,通过金属触点传输数据。

2. 鼠标器通常有两个按键,称为左键和右键,操作系统可以识别鼠标的多种动作,如左单击、左双击、右单击、拖动等。

3. CPU 的主频是 CPU 执行每一条指令所需要的时间。
4. 一个 CPU 所能执行的全部指令的集合，构成该 CPU 的指令系统。
5. 对于同一个问题可采用不同的算法去解决，但不同的算法通常具有相同的效率。
6. 由于目前计算机内存容量较大，分析一个算法的好坏，只需考虑其速度的快慢就可以了。
7. 计算机上网时，可以一面浏览网页一面在线欣赏音乐，还可以下载软件。这时，连接计算机的双绞线上同时传输着多路信息，它们所采用的复用技术属于频分多路复用技术。
8. 无线局域网采用协议主要是 802.11，通常也称 WiFi。
9. ADSL 技术是 xDSL 技术中的一种，也是目前家庭宽带上网使用最广泛的技术（本地电话网），由于使用电话线路，所以上网时还需缴付电话通话费。
10. 在计算机系统中，单纯采用令牌（如 IC 卡、磁卡等）进行身份认证的缺点是丢失令牌将导致他人能轻易进行假冒和欺骗，从而带来安全隐患。
11. 计算机游戏中屏幕上显示的往往是假想的景物，为此首先需要在计算机中描述该景物（建模），然后再把它绘制出来，与此相关的技术称为数字图像处理。

三、填空题

1. 用 8 个二进位表示无符号整数时，可表示的十进制整数的数值范围是 0 ～（   ）。
2. 大多数 DVD 光盘驱动器比 CD-ROM 驱动器读取数据的速度（   ）。
3. 读出 CD-ROM 光盘中的信息，需要使用（   ）技术。
4. 目前数码相机使用的成像芯片主要有（   ）芯片和 CMOS 芯片两大类。
5. USB 接口可以为连接的 I/O 设备提供＋（   ）V、100～500mA 的电源。
6. 计算机网络按覆盖的地域范围通常可分为广域网、城域网和（   ）网。
7. 在 WWW 网应用中，网页的位置使用 URL 指出，URL 的中文含义是（   ）定位器。
8. DNS 服务器实现入网主机的域名和（   ）之间的转换。
9. 数字图像的主要参数有图像分辨率、像素深度、颜色空间类型等。假设像素深度为 16，那么一幅图像具有的不同颜色数目最多是（   ）种。
10. Windows 中的媒体播放器可以使用 MIDI 文件播放出动听的音乐，但在播放过程中必须借助于声卡中的（   ）将它转换为波形信号。
11. 使用电子邮件给对方发送一个已有的电子文档时，可以把该文档放在（   ）中进行发送。

四、Word 操作

1. 将页面设置为：A4 纸，上、下页边距为 2 厘米，左、右页边距为 3 厘米，每页 45 行，每行 38 个字符；
2. 给文章加标题"苏州博物馆"，设置其格式为华文琥珀、二号字、标准色-绿色，段后

间距 0.5 行,居中显示;

3. 设置正文第一段首字下沉 2 行,首字字体为黑体,其余段落设置为首行缩进 2 字符;

4. 参考样张,在正文适当位置插入图片"博物馆.jpg",设置图片高度、宽度缩放比例均为 70%,环绕方式为四周型,图片样式为柔化边缘矩形;

5. 参考样张,为正文第三段添加标准色-蓝色、1.5 磅、带阴影的边框,底纹图案样式为 10%,颜色自动;

6. 将正文最后两段分为等宽的三栏,栏间加分隔线;

7. 为文档应用内置主题"跋涉",并添加文字水印"博物馆",水印字体为隶书,颜色为标准色-浅绿。

五、Word 样张

六、Excel 操作

1. 在"一季度"工作表中,设置第一行标题文字"一季度商品销售统计"在 A1:E1 单元格区域合并后居中,字体格式为黑体、20 号、标准色-红色;

2. 在"商品销售"工作表中,按商品编号升序排序,商品编号相同时再按月份升序排序;

3. 在"商品销售"工作表中,按商品编号进行分类汇总,统计每种商品的销售数量之和,并将汇总数据填写到"一季度"工作表 D 列对应的单元格中;

4. 在"一季度"工作表的 E 列中,引用"商品目录"工作表中的数据,统计各商品一季度的销售金额(销售金额=销售数量×单价);

5. 在"一季度"工作表中,将 A2:E2 单元格背景色设置为标准色-黄色;

6. 在"一季度"工作表中，筛选出销售数量大于 100 的记录；

7. 参考样张，在"一季度"工作表中，根据筛选出的商品名和销售数量，生成一张"三维簇状柱形图"，嵌入当前工作表中，图表上方标题为"销售量较好的商品"，无图例，数据标签显示值。

七、Excel 样张

八、PowerPoint 操作

1. 所有幻灯片应用内置主题"暗香扑面"，所有幻灯片切换效果为立方体（自左侧）；

2. 在第一张幻灯片的右上角插入"信息"动作按钮，超链接指向网址 http://www.sxcr.gov.cn；

3. 为第三张幻灯片中带项目符号的文字创建超链接，分别指向具有相应标题的幻灯片；

4. 在最后一张幻灯片中插入图片"飞云楼.jpg"，设置图片高度为 12 厘米、宽度为 20 厘米，图片的动画效果为：自左下部飞入，持续时间为 1 秒；

5. 设置幻灯片编号起始值为 0，并在所有幻灯片中插入幻灯片编号。

九、PowerPoint 样张

扫一扫
可获取相关素材

真题卷四

一、单选题

1. 将十进制数 89.625 转换成二进制数表示,其结果是_____。
   A. 1011001.101　　　　　　　B. 1011011.101
   C. 1011001.011　　　　　　　D. 1010011.100

2. 目前,个人计算机使用的电子元器件主要是_____。
   A. 晶体管　　　　　　　　　B. 中小规模集成电路
   C. 大规模和超大规模集成电路　D. 光电路

3. 下面是关于 BIOS 的一些叙述,正确的是_____。
   A. BIOS 是存放于 ROM 中的一组高级语言程序
   B. BIOS 中含有系统工作时所需的全部驱动程序
   C. BIOS 系统由加电自检程序,系统主引导记录的装入程序,CMOS 设置程序,基本外围设备的驱动程序组成
   D. 没有 BIOS 的 PC 机也可以正常启动工作

4. 下列关于计算机组成及功能的说法中,正确的是_____。
   A. 一台计算机内只能有一个 CPU
   B. 外存中的数据是直接传送给 CPU 处理的
   C. 多数输出设备的功能是将计算机中用"0"和"1"表示的信息转换成人可直接识别和感知的形式
   D. I/O 设备是用来连接 CPU、内存、外存和各种输入输出设施并协调它们工作的一个控制部件

5. U 盘和存储卡都是采用_____芯片做成的。
   A. DRAM　　　B. 闪速存储器　　　C. SRAM　　　D. cache

6. 下列关于 PC 机主板上芯片组的描述中,错误的是_____。
   A. 芯片组与 CPU 的类型必须相配
   B. 芯片组提供了 CPU 的时钟信号
   C. 芯片组规定了主板可安装的内存条的类型、内存的最大容量等
   D. 所有外部设备的控制功能都集成在芯片组中

7. 键盘、显示器和硬盘等常用外围设备在操作系统启动时都需要参与工作,所以它们的基本驱动程序都必须预先存放在_____中。
   A. 硬盘　　　B. BIOS ROM　　　C. RAM　　　D. CPU

8. 目前使用的打印机有针式打印机、激光打印机和喷墨打印机。其中,_____在

打印票据方面具有独特的优势，_____在彩色图像输出设备中占有价格优势。

　　A. 针式打印机、激光打印机　　　　B. 喷墨打印机、激光打印机
　　C. 激光打印机、喷墨打印机　　　　D. 针式打印机、喷墨打印机

9. 下列关于计算机机器语言的叙述中,错误的是_____。

　　A. 机器语言就是计算机的指令系统
　　B. 用机器语言编写的程序可以在各种不同类型的计算机上直接执行
　　C. 用机器语言编制的程序难以维护和修改
　　D. 用机器语言编制的程序难以理解和记忆

10. 负责管理计算机中的硬件和软件资源,为应用程序开发和运行提供高效率平台的软件是_____。

　　A. 操作系统　　　　　　　　　　　B. 虚拟存储
　　C. 批处理　　　　　　　　　　　　D. 即插即用

11. 高级程序设计语言的编译程序和解释程序均属于_____。

　　A. 通用应用软件　B. 定制应用软件　C. 中间件　　　　D. 系统软件

12. 下面关于 Windows XP 的虚拟存储器的叙述中,错误的是_____。

　　A. 虚拟存储器是由物理内存和硬盘上的虚拟内存联合组成的
　　B. 硬盘上的虚拟内存实际上是一个文件,称为交换文件
　　C. 交换文件通常位于系统盘的根目录下
　　D. 交换文件大小固定,但可以不止 1 个

13. 下面有关超文本的叙述中,错误的是_____。

　　A. 超文本采用网状结构来组织信息,文本中的各个部分按照其内容的逻辑关系互相链接
　　B. WWW 网页就是典型的超文本结构
　　C. 超文本结构的文档其文件类型一定是 HTML 或 HTM
　　D. 微软的 Word 和 PowerPoint 软件也能制作超文本文档

14. 由于微波_____,所以在实际通信中得到广泛应用。

　　A. 绕射能力强,能沿地面传播
　　B. 直线传播,容量大,通信设施建设费用少
　　C. 与光波具有相同的波长和传输特性
　　D. 具有较强的电离层反射能力,适用于环球通信

15. 下面不属于 TCP/IP 应用层协议的是_____。

　　A. UDP　　　　　B. SMTP　　　　　C. FTP　　　　　D. Telnet

16. 我国目前采用"光纤到楼,以太网入户"的做法,它采用光纤作为其传输干线,家庭用户上网时数据传输速率一般可达_____。

　　A. 几千 Mbps　　B. 几百 Mbps　　　C. 几 Mbps　　　D. 几 kbps

17. 下列叙述中正确的是_____。

A. 计算机病毒只传染给可执行文件

B. 计算机病毒是后缀名为"exe"的文件

C. 计算机病毒只会通过后缀名为"exe"的文件传播

D. 所有的计算机病毒都是人为制造出来的

18. 卫星通信是_____向空间的扩展。

　　A. 中波通信　　　　　　　　　B. 短波通信

　　C. 微波接力通信　　　　　　　D. 长波通信

19. 下面关于网络信息安全的叙述中,正确的是_____。

A. 数据加密是为了在网络通信被窃听的情况下,也能保证数据的安全

B. 数字签名的主要目的是对信息加密

C. 因特网防火墙的目的是允许单位内部的计算机访问外网,而外界计算机不能访问内部网络

D. 所有黑客都是利用微软产品存在的漏洞对计算机网络进行攻击与破坏的

20. 数字视频信息的数据量相当大,对存储、处理和传输都是极大的负担,为此必须对数字视频信息进行压缩。目前数字有线电视和卫星电视所传输的数字视频采用的压缩编码标准大多是_____。

　　A. MPEG-1　　B. MPEG-2　　C. MPEG-4　　D. MPEG-7

21. 下列关于汉字输入方法的叙述中,错误的是_____。

A. 联机手写输入(笔输入)符合书写习惯,易学易用,但需要专用设备,效率较低

B. 语音识别输入自然、方便,不需要用手操作,但识别正确率还有待提高

C. 印刷体汉字识别速度快,正确率高,但需要专用设备,对印刷品质量有一定要求

D. 键盘输入易学易用,效率比其他任何汉字输入方法都高

22. 下列关于计算机图形的应用中,错误的是_____。

A. 可以用来设计电路图

B. 可以用来绘制机械零部件图

C. 计算机只能绘制实际存在的具体景物的图形,不能绘制假想的虚拟景物的图形

D. 可以制作计算机动画

23. 在数据库系统中,位于用户和数据库之间的一层数据管理软件是_____。

　　A. DBS　　　B. DBMS　　　C. DB　　　D. CAD

二、判断题

1. 著名的 Moore 定律是指"单块集成电路的集成度平均每 3～4 年翻一番"。

2. 当前正被 CPU 执行的程序代码必须全部保存在高速缓冲存储器(cache)中。

3. 使用圆形插头的鼠标器接口是 PS/2 接口,使用长方形插头的鼠标器接口是 USB 接口。

4. 键盘与主机的接口有多种形式,如 AT 接口或 PS/2 接口,现在的产品许多都采用 USB 接口。

5. 操作系统和应用软件中,更靠近计算机硬件的是操作系统。

6. Excel、PowerPoint 和 Word 都是文字处理软件。

7. 在局域网中,每台计算机都必须有一个 MAC 地址,以便相互区分和识别。

8. 数据加密的基本思想就是改变符号的排列方式或按某种规律进行符号替换。

9. 在计算机网络中,一条传输线不能同时传送多路信号。

10. 无线局域网中的无线接入点(简称 WAP 或 AP),其作用相当于手机通信系统中的"基站"。

11. 机械零件图利用扫描仪直接输入计算机,形成的是矢量图形。

三、填空题

1. 数字符号"1"的 ASCII 码的十进制表示为"49",数字符号"9"的 ASCII 码的十进制表示为(   )。

2. 设内存储器的容量为 1MB,若首地址的十六进制表示为 00000,则末地址的十六进制表示为(   )。

3. 用屏幕水平方向上可显示的点数与垂直方向上可显示的点数来表示显示器清晰度的指标,通常称为(   )率。

4. (   )是通用串行总线的英文缩写,它是日常使用最多的一种中、高速串行接口。

5. 几年前显卡都使用 AGP 作为与北桥芯片之间的接口,但现在越来越多的显卡开始采用性能更好的(   )接口。

6. 在 Windows 操作系统中,用户可以借助于"(   )管理器"程序,来了解系统中运行的应用程序状态和 CPU 的利用率等有关信息。

7. 以太网中的每台计算机必须安装有网卡,用于发送和接收数据。大多数情况下网卡通过(   )线把计算机连接到网络。

8. 计算机网络中必须包含若干计算机和一些通信线路(设备),以及相关的网络软件和它们必须共同遵循的一组通信(   )。

9. 与电子邮件的通信方式不同,即时通信是一种以(   )方式为主进行消息交换的通信服务。

10. 一幅没有经过数据压缩的能表示 65 536 种不同颜色的彩色图像,其数据量是 2MB,假设它的垂直分辨率是 1 024,那么它的水平分辨率为(   )。

11. 声音信号的数字化过程有采样、量化和编码三个步骤,其中第二个步骤实际上是进行(   )转换。

四、Word 操作

1. 将页面设置为:16 开纸,上、下、左、右页边距均为 3 厘米,每页 35 行,每行 30 个字符;

2. 设置正文所有段落首行缩进 2 字符,行距为固定值 18 磅;

3. 将正文中所有的"青年"设置为标准色-红色、加粗；

4. 参考样张,在正文适当位置插入竖排文本框,添加文字"五四青年节的由来",文字格式为：华文琥珀、二号字、标准色-蓝色,设置形状轮廓颜色为标准色-深红,粗细为1.5磅,填充色为标准色-黄色,环绕方式为四周型；

5. 参考样张,在正文适当位置插入图片youth.jpg,设置图片高度为4厘米、宽度为8厘米,环绕方式为紧密型,图片样式为复杂框架、黑色；

6. 设置文档页眉为"青年节的由来",居中显示,并在页面底端插入页码,页码样式为"三角形2"；

7. 文档应用内置主题"活力",页面颜色设置为主题颜色-深蓝、强调文字颜色6、淡色80%。

五、Word 样张

六、Excel 操作

1. 在"农用地"工作表中,设置第一行标题文字"各地区农用地面积"在A1：E1单元格区域合并后居中,字体格式为楷体、18号、标准色-红色；

2. 在"农用地"工作表的C35：E35单元格中,利用公式分别计算耕地、园地、牧草地面积的合计值；

3. 在"农用地"工作表中,设置表格中所有数值数据以带1位小数的数值格式显示；

4. 在"农用地"工作表中,将A3：E3和A35：E35单元格区域背景色设置为标准色-浅绿；

5. 在"统计"工作表的B8：B10单元格中,引用"农用地"工作表C列中的数据,利用公式分别统计华南、西南、西北地区的耕地面积之和；

6. 在"统计"工作表 C 列中，引用"农用地"工作表中的合计数据，利用公式计算各地区耕地面积占合计值的比例，结果以带 2 位小数的百分比格式显示（要求使用绝对地址表示耕地面积合计值）；

7. 参考样张，在"统计"工作表中，根据各地区耕地占比生成一张"饼图"，嵌入当前工作表中，图表上方标题为"各地区耕地占比"，在底部显示图例，显示数据标签，并放置在数据点结尾之内。

七、Excel 样张

八、PowerPoint 操作

1. 设置所有幻灯片背景为渐变填充预设颜色"雨后初晴"，所有幻灯片切换效果为分割（中央向上下展开）；

2. 在第一张幻灯片中插入图片"清洁能源.jpg"，设置图片高度、宽度缩放比例均为 200%，水平方向距离左上角 8 厘米，垂直方向距离左上角 10 厘米，设置图片的动画效果为：单击时自左侧飞入，持续时间为 1 秒；

3. 为第三张幻灯片中带项目符号的文字创建超链接，分别指向具有相应标题的幻灯片；

4. 利用幻灯片母版，设置所有幻灯片标题的字体样式为华文新魏、48 号字，文本的字体样式为楷体、28 号字；

5. 在最后一张幻灯片中，为右下角的文字"返回"创建超链接，单击指向第一张幻灯片。

九、PowerPoint 样张

真题卷五

扫一扫
可获取相关素材

一、单选题

1. 二进制数 01 与 01 分别进行算术加和逻辑加运算,其结果用二进制形式分别表示为_____。
   A. 01,10　　　　　　　　　　B. 01,01
   C. 10,01　　　　　　　　　　D. 10,10

2. 现代信息技术的主要特征是:以_____为基础、以计算机及其软件为核心、采用电子技术(包括激光技术)进行信息的收集、传递、加工、存储、显示与控制。
   A. 数字技术　　　　　　　　　B. 模拟技术
   C. 光子技术　　　　　　　　　D. 量子技术

3. PC机加电启动时,计算机首先执行BIOS中的第一部分程序,其目的是_____。
   A. 读出引导程序,装入操作系统
   B. 测试PC机各部件的工作状态是否正常
   C. 从硬盘中装入基本外围设备的驱动程序
   D. 启动CMOS设置程序,对系统的硬件配置信息进行修改

4. 下面除_____设备以外,都能作为计算机和用户直接联系的桥梁,实现人机通信。
   A. 打印机　　　　　　　　　　B. 绘图仪
   C. 扫描仪　　　　　　　　　　D. Modem

5. 主板是PC机的重要部件,在自己组装PC机时可以单独选购。下面关于PC机主板的叙述中,错误的是_____。
   A. 主板上通常包含微处理器插座和芯片组
   B. 主板上通常包含存储器(内存条)插槽和ROM BIOS
   C. 主板上通常包含PCI插槽
   D. 主板上通常包含IDE插座和与之相连的光驱

6. PC机的主板用于存放BIOS程序的大都是_____。
   A. 芯片组　　　　　　　　　　B. 闪存(flash ROM)
   C. 超级I/O芯片　　　　　　　D. 双倍数据速率(DDR)SDRAM

7. 打印机的打印分辨率一般用dpi作为单位,dpi的含义是_____。
   A. 每厘米可打印的点数　　　　B. 每平方厘米可打印的点数
   C. 每英寸可打印的点数　　　　D. 每平方英寸可打印的点数

8. 计算机的所有功能都是由CPU一条一条地执行_____来完成的。

A. 用户命令 B. 机器指令
C. 键盘指令 D. BIOS 程序

9. 下列软件中,全都属于应用软件的是_____。

A. Microsoft Media Player、Excel、IE 浏览器

B. Windows XP、QQ、Word

C. Photoshop、Linux、Word

D. UNIX、WPS、PowerPoint

10. 使用 Windows 2000 或 Windows XP,如果要查看当前正在运行哪些应用程序,可以使用的系统工具是_____。

A. 资源管理器 B. 系统监视器
C. 任务管理器 D. 网络监视器

11. 在 Windows(中文版)系统中,文件名可以用中文、英文和字符的组合进行命名,但有些特殊字符不可使用。下面除_____字符外都是不可用的 。

A. * B. ? C. _(下划线) D. /

12. 下列不属于文字处理软件的是_____。

A. Word B. Acrobat C. WPS D. Media Player

13. 以下是有关 IPv4 中 IP 地址格式的叙述,其中错误的是_____。

A. IP 地址用 64 个二进位表示

B. IP 地址有 A 类、B 类、C 类等不同类型之分

C. IP 地址由网络号和主机号两部分组成

D. C 类 IP 地址的主机号共 8 位,具有 C 类地址的主机连接在小型网络中

14. 使用 IP 协议进行通信时,必须采用统一格式的 IP 数据报传输数据。下列有关 IP 数据报的叙述中,错误的是_____。

A. IP 数据报格式由 IP 协议规定

B. IP 数据报与各种物理网络数据帧格式无关

C. IP 数据报包括头部和数据区两个部分

D. IP 数据报的大小固定为 53 字节

15. 局域网是指较小地域范围内的计算机网络。下列关于计算机局域网的描述错误的是_____。

A. 局域网的数据传输速率高 B. 通信可靠性好(误码率低)
C. 通常由电信局进行建设和管理 D. 可共享网络中的软硬件资源

16. 下面对于网络信息安全的认识正确的是_____。

A. 只要加密技术的强度足够高,就能保证数据不被非法窃取

B. 访问控制的任务是对每个(类)文件或信息资源规定不同用户对它们的操作权限

C. 数字签名的效力法律上还不明确,所以尚未推广使用

D. 根据人的生理特征(如指纹、人脸)进行身份鉴别在单机环境下还无法使用

17. 以下有关无线通信技术的叙述中,错误的是_____。

   A. 短波具有较强的电离层反射能力,适用于环球通信

   B. 卫星通信利用人造地球卫星作为中继站转发无线电信号,实现在两个或多个地球站之间的通信

   C. 卫星通信也是一种微波通信

   D. 手机通信不属于微波通信

18. 目前我国家庭计算机用户接入因特网的下述几种方法中,速度最快的是_____。

   A. 光纤入户   B. ADSL

   C. 电话 Modem   D. 无线接入

19. 给局域网分类的方法很多,下列_____是按拓扑结构分类的。

   A. 有线网和无线网   B. 星型网和总线网

   C. 以太网和 FDDI 网   D. 高速网和低速网

20. 下列设备中,都属于图像输入设备的选项是_____。

   A. 数码相机、扫描仪   B. 绘图仪、扫描仪

   C. 数字摄像机、投影仪   D. 数码相机、显卡

21. 下列关于图像获取设备的叙述中,错误的是_____。

   A. 大多数图像获取设备的原理基本类似,都是通过光敏器件将光的强弱转换为电流的强弱,然后通过取样、量化等步骤,进而得到数字图像

   B. 扫描仪和数码相机可以通过参数设置,得到不同分辨率的图像

   C. 目前数码相机使用的成像芯片主要有 CMOS 芯片和 CCD 芯片

   D. 数码相机是图像输入设备,而扫描仪则是图形输入设备,两者的成像原理是不相同的

22. 对图像进行处理的目的不包括_____。

   A. 图像分析   B. 图像复原和重建

   C. 提高图像的视感质量   D. 获取原始图像

二、判断题

1. 早期的电子电路以真空电子管作为其基础元件。

2. 一般而言,CPU 的字长越长,其性能也越好。

3. 计算机的存储器分为内存储器和外存储器,这两类存储器的本质区别是内存储器在机箱内部,而外存储器在机箱外部。

4. USB 接口是一种通用的串行接口,通常可连接的设备有移动硬盘、优盘、鼠标器、扫描仪等。

5. 软件以二进位编码表示,且通常以电、磁、光等形式存储和传输,因而很容易被复制和盗版。

6. 免费软件是一种不需付费就可取得并使用的软件,但用户并无修改和分发权,其源代码也不一定公开。360杀毒软件就是一种免费软件。

7. 只要一颗通信卫星就可以实现全球范围的微波通信。

8. Web信息是动态变化的,因此,搜索引擎要不断地更新索引数据库。

9. 电子邮箱并不在用户计算机中,而是在邮件服务器中。

10. 计算机局域网中的传输介质只能是同类型的,要么全部采用光纤,要么全部采用双绞线,不能混用。

11. 在计算机中图像和图形是两个不同的概念,它们的文件类型也不一样。

三、填空题

1. 十进制数20用二进制数表示为(　　　　　)。

2. CD-R的特点是可以(　　　　　)或读出信息,但不能擦除和修改。

3. 扫描仪的主要性能指标包括:(　　　　　)、色彩位数、扫描幅面、与主机的接口等。

4. MOS型半导体存储器芯片可以分为DRAM和SRAM两种,PC机中内存条一般由其中的(　　　　　)芯片组成。

5. 现代计算机的存储层次结构由内存和外存构成,其中(　　　　　)在计算机工作时临时保存信息,关机或断电后将会丢失信息。

6. Windows系统的图形用户界面中,采用(　　　　　)来形象地表示系统中的文件、程序和设备等对象。

7. 浏览器可以下载安装一些(　　　　　)程序,以扩展浏览器的功能,例如播放flash动画或某种格式的视频等。

8. 在WWW网应用中,大部分网页是使用HTML语言描述的,HTML的中文含义是(　　　　　)语言。

9. 网页中的超链,其起始位置称为链源,它所指向的目标位置通常称为(　　　　　)。

10. 一架数码相机,其存储卡容量为20MB,它一次可以连续拍摄65 536色的1 024×1 024的彩色相片40张,由此可以推算出图像数据的压缩比为(　　　　　)。

11. 计算机使用的声音获取设备包括麦克风和声卡。麦克风的作用是将声波转换为电信号,然后由声卡进行(　　　　　)。

12. 政府机构运用现代网络通信与计算机技术,将政府管理和服务职能通过精简、优化、整合、重组后在互联网上实现,这种方式被称为(　　　　　)。

四、Word操作

1. 将页面设置为:A4纸,上、下、左、右页边距均为3厘米,每页40行,每行38个字符;

2. 给文章加标题"青花瓷",设置其格式为隶书、一号字、字符间距加宽6磅,居中显示,设置标题的背景色为主题颜色-蓝色、强调文字颜色1、深色50%;

3. 设置正文第一段首字下沉 3 行,首字字体为华文彩云,其余段落设置为首行缩进 2 字符;

4. 在所有页的页面底端插入页码,页码样式为"粗线",设置页面填充效果为"蓝色面巾纸"纹理;

5. 参考样张,在正文适当位置插入图片"青花瓷.jpg",设置图片高度为 5 厘米、宽度为 6 厘米,环绕方式为四周型,图片样式为双框架、黑色;

6. 参考样张,在正文适当位置插入文本框,在其中添加文字"明永乐青花瓷",文字格式为:幼圆、二号字、加粗,形状无轮廓,文本轮廓颜色为标准色-深蓝,环绕方式为紧密型;

7. 将正文最后一段分为偏左两栏,栏间加分隔线。

五、Word 样张

六、Excel 操作

1. 在"通过率统计"工作表中,设置第一行标题文字"各驾校通过率统计"在 A1:H1 单元格区域合并后居中,字体格式为楷体、18 号,单元格填充标准色-浅蓝;

2. 在"通过率统计"工作表的 F 列中,利用公式计算各驾校科目三的合格率(合格率%=100×通过人数/实考人数),结果以带 2 位小数的数值格式显示;

3. 在"通过率统计"工作表的 H 列中,利用公式计算各驾校的折算分数(折算分数=四个科目合格率的平均值×0.5),结果以带 1 位小数的数值格式显示;

4. 复制"通过率统计"工作表,将复制的工作表改名为"备份",并设置"备份"工作表标签颜色为标准色-红色;

5. 在"备份"工作表C4：C33单元格区域，利用条件格式，将科目二合格率低于平均值的单元格设置为浅红色填充；

6. 在"通过率统计"工作表的A2：H33单元格区域，设置外框线为最粗实线、内框线为最细实线；

7. 参考样张，在"通过率统计"工作表中，生成一张反映表中前10个驾校（安通……世纪）科目二合格率的"三维簇状柱形图"，嵌入当前工作表中，图表上方标题为"十个驾校的科目二合格率"、16号字，无图例，数据标签显示值。

七、Excel 样张

八、PowerPoint 操作

1. 所有幻灯片应用素材提供的文件"moban4"作为主题，设置所有幻灯片切换效果为随机线条（水平）；

2. 将幻灯片大小设置为35毫米幻灯片，除标题幻灯片外，在其他幻灯片中插入幻灯片编号和页脚，页脚内容为"国画赏析"；

3. 为第二张幻灯片中带项目符号的文字创建超链接，分别指向具有相应标题的幻灯片；

4. 在第五张幻灯片中插入图片"qing.jpg"，设置图片垂直方向距离左上角为6厘米，图片的动画效果为单击时脉冲，并伴有鼓掌声；

5. 在最后一张幻灯片的左下角插入"信息"动作按钮，超链接指向网址 http://www.guohua.com。

九、PowerPoint 样张

真题卷六

一、单选题

1. AlphaGo围棋人机大战,主要属于计算机在_____方面的应用。
   A. 生物信息　　B. 人工智能　　C. 物联网　　D. 3D打印

2. 以前PC机许多显卡使用AGP接口,但目前越来越多的显卡开始采用性能更好的_____接口。
   A. PCI-E x1　　B. PCI　　C. USB　　D. PCI-E x16

3. 因特网中的每台路由器中都有路由表,下面有关路由表的叙述中,错误的是_____。
   A. 路由表中存放的是路由信息,即"到哪里去该从哪个出口走"的信息
   B. 路由表用来表示目的IP地址与输出端口的关系
   C. 路由表内容是固定不变的,因此可通过硬件实现
   D. 路由表是IP包到达目的地所必需的

4. 笔记本电脑使用轨迹球、指点杆或触摸板等来替代鼠标器,其目的是为了_____。
   A. 节省空间　　B. 简化操作　　C. 提高效率　　D. 美观

5. 下列软件中,不支持可视电话功能的是_____。
   A. 腾讯公司的QQ　　B. MSN Messenger
   C. Outlook Express　　D. 网易的POPO

6. IP地址129.66.51.37的_____部分表示网络号。
   A. 129.66.51　　B. 129　　C. 129.66　　D. 37

7. 在以符号名为代表的因特网主机域名中,代表企业单位的第2级域名大多是_____。
   A. com　　B. net　　C. edu　　D. gov

8. 工业生产中制造机械模具,可以选用_____打印机打印。
   A. 3D　　B. 激光　　C. 喷墨　　D. 针式

9. 一台PC机不能通过域名访问任何Web服务器,但可以通过网站IP地址访问,最有可能的原因是_____。
   A. 浏览器故障　　B. 本机硬件故障
   C. DNS服务器故障　　D. 网卡驱动故障

10. 假设IP地址为62.26.1.254,为了计算出该IP地址的网络号,需要使用_____与该地址进行逻辑乘操作。

A. 域名　　　　B. 网关地址　　　C. 子网掩码　　　D. DHCP

11. 近年来,计算机信息技术新技术、新应用蓬勃发展,以下不属于此类的是_____。

A. 3D打印　　　B. 科学计算　　　C. 物联网　　　　D. 云计算

12. 下列叙述中,_____是错误的。

A. 存储容量要求大于实际主存储器容量的程序,采用虚拟存储技术之后就能运行
B. 操作系统在读写磁盘上的一个文件中的数据时,不需要使用该文件的说明信息
C. 操作系统具有管理计算机资源的功能
D. 多任务操作系统允许同时运行多个应用程序

13. 在广域网中,每台交换机都必须有一张_____,用来给出目的地址和输出端口的关系。

A. 目录表　　　B. FAT表　　　　C. 转发表　　　　D. 线性表

14. 在Windows系统中,误删了文件,下列恢复被删文件的方法,错误的是_____。

A. 利用系统的撤销删除功能　　　　B. 利用任务管理器恢复
C. 在回收站中还原　　　　　　　　D. 利用有关工具类软件恢复

15. 下列关于4G上网的叙述中,错误的是_____。

A. 4G上网比3G的速度快
B. 目前我国4G上网的速度已达到1000M
C. 4G上网的覆盖范围较WLAN大得多
D. 4G上网属于无线接入方式

16. 像素深度为6位的单色图像中,不同亮度的像素数目最多为_____个。

A. 4 096　　　B. 64　　　　　C. 128　　　　　D. 256

17. 以下关于计算机指令系统的叙述中,正确的是_____。

A. 用于解决某一问题的一个指令序列称为指令系统
B. 计算机指令系统中的每条指令都可在该机的CPU上执行
C. 不同类型的CPU,其指令系统完全一样
D. 不同类型的CPU,其指令系统完全不一样

18. 下面关于个人计算机(PC)的叙述中,错误的是_____。

A. Intel公司是国际上研制和生产微处理器最大的专业公司
B. 目前PC机中广泛使用的是奔腾、酷睿及其兼容的微处理器
C. 个人计算机性能不高,大多用于学习和娱乐,很少应用于工作(商用)领域
D. 个人计算机一般不能由多人同时使用

19. CPU的工作就是执行指令。CPU执行每一条指令都要分成若干步:①取指令、②指令译码、③取操作数、④执行运算、⑤保存结果等。正确的操作次序是_____。

  A. ①②⑤③④ B. ②①③④⑤ C. ①②④③⑤ D. ①②③④⑤

20. 在Internet提供的下列服务中，通常不需用户输入账号和口令的服务是_____。

  A. FTP文件传输服务   B. 网页浏览服务

  C. Telnet远程登录服务   D. E-mail电子邮件服务

21. 以下关于关系二维表的叙述中，错误的是_____。

  A. 对二维表操作的结果仍然是二维表

  B. 关系模式确定后，二维表的内容是不变的

  C. 关系模式反映了二维表静态结构

  D. 二维表是元组的集合

22. 转发表是分组交换网中交换机工作的依据，一台交换机要把接收到的数据包正确地传输到目的地，它必须获取数据包中的_____。

  A. 源地址和目的地地址 B. 目的地地址

  C. 源地址   D. 源地址、目的地地址和上一个交换机地址

23. 以太网在传送数据时，将数据分成一个个帧，每个节点每次可传送_____帧。

  A. 1个 B. 2个 C. 3个 D. 视需要而定

二、判断题

1. PC机主板原先有北桥和南桥两块芯片组，随着技术的发展，北桥、南桥芯片的所有功能都集成到一块芯片组中，主板只要单芯片组即可完成系统的硬件连接。

2. 若西文使用标准ASCII码，汉字采用GB2312编码，则十六进制代码为C4 CF 50 75 B3 F6的一小段简单文本中，含有3个汉字。

3. 目前市场上提供多种家用无线路由器，如D-LINK、TP-LINK，组网时大多采用Web方式对其进行参数设置。

4. 数码相机的成像技术与传统胶片相机的成像技术基本相同。

5. 数码相机的工作原理与扫描仪是类似的，即都是基于光电转换原理。

6. 为了处理汉字方便，汉字与ASCII字符必须互相区别。所以在计算机内，以最高位均为1的2个字节表示一个GB2312汉字。

7. 美国标准信息交换码（ASCII码）只在美国、加拿大等英语国家使用。

8. 迅雷文件下载时系统采用P2P模式工作，其特点是"参与下载的用户越多，下载的速度越快"。

9. 微软Word 2010文字处理软件能够直接打开并显示PDF格式文档。

10. PC机的常用外围设备，如显示器、硬盘等，都通过PCI总线插槽连接到主板上。

11. 使用平板扫描仪输入图片时，被扫描的图片应正面朝上放置。

12. 在一个网络应用程序中，只允许采用C/S或P2P一种网络工作模式。

三、填空题

1. 使用IE浏览器启动FTP客户程序时，用户需在地址栏中输入(_____)：

//[用户名:口令@]FTP 服务器域名[:端口号]。

2. 智能手机存储器也有内存和辅助存储器之分,一部 32G 的华为 P9 手机,32G 是指手机的(　　　)存储器的容量。

3. 与电子邮件的异步通信方式不同,即时通信是一种以(　　　)方式为主进行消息交换的通信服务。

4. 微软公司的 Word 是一个功能丰富、操作方便的文字处理软件,它能够做到"(　　　)(WYSIWYG)",使得所有编辑操作的效果立即可以在屏幕上看到,并且在屏幕上看到的效果与打印机的输出结果相同。

5. PC 的内存条大多采用动态随机存取存储器组成,它利用(　　　)器的充电状态与未充电状态实现比特的存储。

6. 智能手机存储器也有内存和辅助存储器之分,通常要扩充手机的存储容量是指扩充手机的(　　　)存储器的容量。

7. 利用(　　　)(设备)可以将不同协议的网络连接起来,实现更大规模的网络。

8. 我国即时通信用户数量最多的是腾讯公司的 QQ 和(　　　)即时通信系统。

9. TCP/IP 协议标准将计算机网络通信的技术实现划分为应用层、传输层、网络互联层等,其中 FTP 协议属于(　　　)层。

10. DVD 光盘和 CD 光盘直径大小相同,但 DVD 光盘的道间距要比 CD 盘小,因此,DVD 盘的存储容量(　　　)。

四、Word 操作

1. 将页面设置为:A4 纸,上、下页边距为 2.6 厘米,左、右页边距为 3.2 厘米,每页 42 行,每行 40 个字符;

2. 设置正文所有段落首行缩进 2 字符,并在正文第一段第一个"世界杯"后插入尾注:FIFA World Cup;

3. 将正文中所有的"世界杯"设置为标准色-绿色、加粗、双下划线;

4. 参考样张,在正文适当位置插入竖排文本框,添加文字"世界杯的由来",文字格式为:华文琥珀、一号字、标准色-深红,设置形状轮廓为标准色-蓝色、1.5 磅、长划线,形状填充色为标准色-黄色,环绕方式为穿越型;

5. 参考样张,在正文适当位置插入图片"世界杯.jpg",设置图片高度、宽度缩放比例均为 60%,环绕方式为四周型,图片样式为柔化边缘矩形;

6. 设置奇数页页眉为"赛事奖杯",偶数页页眉为"世界杯赛程",均居中显示,并在所有页的页面底端插入页码,页码样式为"框中倾斜 2";

7. 设置页面颜色为主题颜色-橄榄色、强调文字颜色 3、淡色 60%,设置页面边框为:方框、标准色-深蓝、1.0 磅。

五、Word 样张

六、Excel 操作

1. 在"晚八点"工作表中,设置第一行标题文字"青春影院观影人数统计"在 A1：G1 单元格区域合并后居中,字体格式为方正舒体、22 号、双下划线、标准色-深蓝;

2. 在"晚八点"工作表中,利用填充序列填写 A4：A33 单元格,数据形如"6 月 1 日、6 月 2 日……6 月 30 日";

3. 在"晚六点"工作表中,删除 G 列、H 列数据;

4. 在"晚六点"工作表中,利用条件格式,将每个厅观影人数小于 100 的单元格设置为浅红色填充;

5. 在"晚八点"工作表的 B34：F34 单元格中,利用函数分别计算一号厅至五号厅的最少观影人数(提示:用 MIN 函数求最小值);

6. 在"晚八点"工作表的 G4：G33 单元格中,利用公式计算每天的上座率(上座率＝五个厅的观众人数之和/五个厅座位总数),结果以带 2 位小数的百分比格式显示(要求使用绝对地址引用五个厅座位总数);

7. 参考样张,在"晚八点"工作表中,生成一张反映 6 月 21 日至 6 月 30 日上座率的"带数据标记的折线图",嵌入当前工作表中,图表上方标题为"6 月下旬上座率分析",无图例,添加线性趋势线。

七、Excel 样张

八、PowerPoint 操作

1. 所有幻灯片应用内置主题"波形",所有幻灯片切换效果为自左侧揭开;

2. 在第二张幻灯片中插入图片"硬盘.jpg",设置图片动画效果为:单击时浮入(上浮),并伴有打字机声音;

3. 为第三张幻灯片中带项目符号的文字创建超链接,分别指向具有相应标题的幻灯片;

4. 除标题幻灯片外,在其他幻灯片中插入自动更新的日期(样式为"××××年××月××日");

5. 在最后一张幻灯片中,插入艺术字"谢谢关注",采用第三行第四列艺术字样式(渐变填充-蓝色、强调文字颜色1)。

九、PowerPoint 样张

真题卷七

扫一扫
可获取相关素材

一、单选题

1. 音频文件的类型有多种,下列不属于音频文件类型的是_____。
   A. WMA　　　　B. MP3　　　　C. BMP　　　　D. WAV

2. 在 PC 机中,某个应用软件包(如 QQ)能正确安装,但该软件包在手机上却不能安装的根本原因是_____。
   A. 计算机与手机的操作方式不一样　　B. 手机太旧,该应用软件包版本新
   C. 手机内存不够大　　　　　　　　　D. 计算机与手机的指令系统不兼容

3. 某计算机内存空间很小,想扩充内存容量,下列可行的做法是_____。
   A. 在计算机插槽中增加一张 SD 卡
   B. 在主板的空闲的内存条插槽中增加内存条
   C. 在主板上多焊接一个内存条插槽,并插入内存条
   D. USB 口插入一张大容量 U 盘

4. 从目前技术来看,下列打印机中打印速度最快的是_____。
   A. 喷墨打印机　　B. 点阵打印机　　C. 热敏打印机　　D. 激光打印机

5. 下列关于图像获取的叙述中,错误的是_____。
   A. 黑白图像或灰度图像不必进行分色处理
   B. 图像的数字化过程大体可分为扫描、分色、取样、量化四个步骤
   C. 尺寸大的彩色图片扫描输入后,其数据量必定大于尺寸小的图片的数据量
   D. 像素是构成图像的基本单位

6. 下列有关以太网的叙述中,正确的是_____。
   A. 信息帧中只需要包含接收节点的 MAC 地址
   B. 它采用点到点的方式(而非广播方式)进行数据通信
   C. 信息帧中需要同时包含发送节点和接收节点的 MAC 地址
   D. 以太网只采用总线型拓扑结构

7. 电缆调制解调技术(cable modem),使用户利用家中的有线电视电缆一边看电视一边上网成为可能。这是因为它采用了_____复用技术。
   A. 频分多路　　　　　　　　　　B. 时分多路
   C. 波分多路　　　　　　　　　　D. 频分多路和时分多路

8. 若 PC 机主板上采用北桥、南桥芯片组,下面叙述中错误的是_____。
   A. 所有外部设备的控制功能都集成在芯片组中
   B. 芯片组规定了主板可安装的内存条的类型、内存的最大容量等
   C. 芯片组与 CPU 的类型必须相配
   D. 芯片组提供了存储器的控制功能

9. 下列关于程序设计语言的说法中正确的是_____。
   A. 高级语言就是人们日常使用的自然语言
   B. 无须经过翻译或转换，计算机就可以直接执行用高级语言编写的程序
   C. 高级语言程序的执行速度比低级语言程序快
   D. 高级语言与 CPU 的逻辑结构无关

10. 主机域名 public.tpt.tj.cn 由 4 个子域组成，其中_____表示主机名。
    A. public   B. tpt   C. cn   D. tj

11. 冯·诺依曼计算机是按照_____的原理进行工作的。
    A. 集成电路控制   B. 电子线路控制   C. 存储程序控制   D. 操作系统控制

12. 在利用 ADSL 和无线路由器组建无线局域网时，下列关于无线路由器（交换机）设置的叙述中，错误的是_____。
    A. 必须设置无线上网的有效登录密码
    B. 必须设置上网方式为 ADSL 虚拟拨号
    C. 必须设置 ADSL 上网账号和口令
    D. 必须设置无线接入的 PC 机获取 IP 地址的方式

13. CPU 的性能表现为它每秒钟能执行的指令数目。对于下列措施：(1)增加 CPU 中寄存器的数目；(2)提高 CPU 的主频；(3)增加高速缓存（cache）的容量；(4)扩充磁盘存储器的容量。其中，提高 CPU 性能的有效措施是_____。
    A. (2)(3)和(4)   B. (1)(2)和(3)   C. (1)(3)和(4)   D. (1)和(4)

14. 需要对一个 U 盘中的文件 A.doc 进行操作。为了延长 U 盘的使用寿命，下列习惯中不好的是_____。
    A. 频繁编辑 A.doc 时，直接在 U 盘上打开 A.doc，编辑过程中直接保存在 U 盘上
    B. 仅打印 A.doc 时，可以直接打开 U 盘上的此文件
    C. 仅阅读 A.doc 时，可以直接打开 U 盘上的此文件
    D. 频繁编辑 A.doc 时，将 A.doc 拷入硬盘后再编辑处理，最后拷回 U 盘

15. 开机后，用户未进行任何操作，发现本地计算机正在下载数据，一般不可能的原因是_____。
    A. 下载并更新"病毒库"   B. 下载上次未完成下载的视频数据
    C. 下载操作系统的最新更新   D. 下载上次未完成下载的网页

16. 某显示器的分辨率是 1 024×768，其含义是_____。
    A. 纵向字符数×横向字符数   B. 横向点数×纵向点数
    C. 横向字符数×纵向字符数   D. 纵向点数×横向点数

17. 当 PowerPoint 程序运行时，它与 Windows 操作系统之间的关系是_____。
    A. 不能互相调用，各自独立运行
    B. 前者（PowerPoint）调用后者（Windows）的功能
    C. 两者互相调用
    D. 后者调用前者的功能

18. 下列关于操作系统多任务处理的说法中,错误的是_____。
    A. 多任务处理要求计算机必须配有多个CPU
    B. Windows操作系统支持多任务处理
    C. 多任务处理通常是将CPU时间划分成时间片,轮流为多个任务服务
    D. 计算机中多个CPU可以同时工作,以提高计算机系统的效率

19. 若发信人的电子邮件发送成功,接信人的电脑还没有开机,电子邮件将_____。
    A. 保存在接信人邮件服务器中   B. 丢失
    C. 过一会儿再重新发送   D. 退回给发信人

20. 实施逻辑加运算 1111∨1001 后的结果是_____。
    A. 1111   B. 0001   C. 1001   D. 1000

21. 计算机硬盘存储器容量的计量单位之一是TB,制造商常用10的幂次来计算硬盘的容量,那么1TB硬盘容量相当于_____字节。
    A. 10的3次方   B. 10的6次方   C. 10的9次方   D. 10的12次方

22. 使用计算机绘制景物图形的两个主要步骤依次是_____。
    A. 扫描,取样   B. 建模,绘制   C. 绘制,建模   D. 取样,A/D转换

23. 计算机病毒是指_____。
    A. 特制的具有自我复制能力和破坏性的程序
    B. 已经被损坏的程序
    C. 编制有错误的程序
    D. 设计不完善的程序

二、判断题

1. I/O设备的工作速度比CPU慢得多,为了提高系统的效率,I/O操作与CPU的数据处理操作往往是并行进行的。

2. 使用多路复用技术能够很好地解决信号的远距离传输问题。

3. Windows系统中,属性为"隐藏"的文件,通过设置资源管理器的选项也可以显示出来。

4. 流程图是唯一的一种算法表示方法。

5. 光纤的传输性能已远超过金属电缆,且成本已大幅度降低,因此目前各种通信和计算机网络的主干传输线路,光纤已获得广泛使用。

6. 计算机的广泛应用会带来一些新的社会问题和某些潜在的危机。

7. 8位的补码和原码均只能表示255个不同的数。

8. 算法中的每一步操作必须含义清楚和明确,不能有二义性。

9. 求两个正整数的最大公约数,使用的辗转相除法是一种算法,很容易用高级语言实现。

10. 串行接口的数据传输速率必定低于并行接口的数据传输速率。

11. 软件是无形的产品,所以它不容易受到计算机病毒入侵。

12. 人类已经积累了大量的知识财富,算法的设计往往是有章可循、有法可依的,因此日常生活中的任何问题都可以找到解决该问题的算法。

三、填空题

1. 后缀名为 htm 的文件是使用(　　　　　)标记语言描述的 Web 网页。

2. 字符信息的输入有两种方法,即人工输入和自动识别输入,人们使用扫描仪输入印刷体汉字,并通过软件转换为机内码形式的输入方法属于其中的(　　　　　)输入。

3. 从概念上讲,WWW 网是按 C/S 模式工作的,客户计算机必须安装的软件称为(　　　　　),例如微软公司的 IE,奇虎 360 公司的 360 浏览器等。

4. 汉字输入编码方法大体分为数字编码、字音编码、字形编码、形音编码四类,五笔字型法属于(　　　　　)编码类型。

5. PC 机上使用的外存储器主要有:硬盘、U 盘、移动硬盘和(　　　　　),它们所存储的信息在断电后不会丢失。

6. 与十进制数 1.5 等值的二进制数是(　　　　　)。

7. 在 Windows 2000/XP 操作系统中,设置"本地连接"属性时,可设置本机 IP 地址及网关地址等,它们都用圆点隔开的(　　　　　)个十进制数表示的。

8. 某图书馆需要将图书馆藏书数字化,构建数字图书资料系统,在键盘输入、联机手写输入、语音识别输入和印刷体识别输入方法中,最有可能被采用的是(　　　　　)输入。

9. 按性能和用途计算机可分为巨型机、大型机、小型机、个人机和嵌入式计算机等,水、电、煤气远程抄表器、车载导航仪属于(　　　　　)计算机应用。

10. 为了解决异构网互联的通信问题,IP 协议定义了一种独立于各种物理网络的数据包格式,称之为 IP(　　　　　),用于网络之间的数据传输。

四、Word 操作

1. 将页面设置为:A4 纸,上、下页边距为 2.6 厘米,左、右页边距为 3.2 厘米,每页 45 行,每行 38 个字符;

2. 给文章加标题"登门坎效应",设置其格式为楷体、一号字、标准色-深红、字符间距加宽 5.5 磅、居中显示;

3. 设置正文第一段首字下沉 3 行,距正文 0.1 厘米,首字字体为方正舒体、标准色-绿色,其余段落设置为首行缩进 2 字符;

4. 参考样张,在正文适当位置插入图片"登门坎.jpg",图片环绕方式为穿越型,图片样式为简单框架、白色,并将正文中所有的"门槛"替换为"门坎";

5. 设置文档页面边框为:方框、单波浪线、标准色-深蓝、0.75 磅;

6. 设置奇数页页眉为"效应定义",偶数页页眉为"效应实例",均居中显示,并在所有页的页面底端插入页码,页码样式为"带状物";

7. 将正文最后一段分为偏左两栏,栏间加分隔线。

五、Word 样张

六、Excel 操作

1. 在"第二轮"工作表中,设置第一行标题文字"第二轮比赛结果"在 A1:E1 单元格区域合并后居中,字体格式为黑体、16 号、标准色-蓝色;

2. 将"第一轮"工作表标签颜色设置为标准色-橙色;

3. 将"第一轮"工作表 A3:E35 单元格样式设置为数据和模型中的"输出";

4. 在"第二轮"工作表的 D 列中,利用公式计算各球队第二轮的净胜球(净胜球=进球-失球);

5. 在"第二轮"工作表的 E 列中,利用公式计算各球队第二轮的积分(如果净胜球大于 0,积分为 3,如果净胜球等于 0,积分为 1,如果净胜球小于 0,积分为 0);

6. 在"地区统计"工作表中,利用分类汇总统计各代表地区的进球之和以及失球之和;

7. 参考样张,在"第二轮"工作表中,生成一张反映四支球队(法国、克罗地亚、比利时、英格兰)净胜球数的"三维簇状柱形图",嵌入当前工作表中,图表上方标题为"四强小组赛第二轮净胜球",14 号字,无图例,数据标签显示值。

七、Excel 样张

八、PowerPoint 操作

1. 将所有幻灯片背景设置为"画布"纹理,所有幻灯片切换效果为棋盘;

2. 将文档"word5.docx"中的图片复制到第二张幻灯片中,设置图片的高度为 12 厘米、宽度为 15 厘米,图片动画效果为:单击时自左侧飞入、持续 2 秒;

3. 利用幻灯片母版,设置"标题和内容"版式幻灯片的标题样式为:隶书、48 号字;

4. 除标题幻灯片外,在其他幻灯片中插入自动更新的日期及幻灯片编号(日期样式为"××××年××月××日");

5. 交换第三张和第四张幻灯片,并为第六张幻灯片右下角的箭头创建超链接,指向第一张幻灯片。

九、PowerPoint 样张

真题卷八

扫一扫
可获取相关素材

一、单选题

1. 关于光纤通信,下面的叙述中错误的是_____。
   A. 光纤是光导纤维的简称
   B. 光纤几乎不漏光,因此保密性强
   C. 光纤有很大的通信容量
   D. 由于光纤传输信号损耗很小,所以光纤通信是一种无中继通信方式

2. 手机摇一摇的功能主要是借助_____实现。
   A. 摄像头   B. 传感器
   C. 通信卡   D. 触摸屏

3. 下列 Windows(中文版)系统中有关文件命名的叙述中,错误的是_____。
   A. 每个文件或文件夹必须有自己的名字
   B. 文件或文件夹的名字可以是中文也可以是西文和阿拉伯数字
   C. 同一个硬盘(或分区)中的所有文件不能同名
   D. 文件或文件夹的名字长度有一定限制

4. 下列选项中,不属于硬盘存储器主要技术指标的是_____。
   A. 平均存取时间   B. 缓冲存储器大小
   C. 数据传输速率   D. 盘片厚度

5. 计算机信息系统中的绝大部分数据是持久的,它们不会随着程序运行结束而消失,而需要长期保留在_____中。
   A. cache 存储器   B. 内存储器
   C. 外存储器   D. 主存储器

6. 下列有关我国汉字编码标准的叙述中,错误的是_____。
   A. GB2312 所有汉字的机内码都用两个字节来表示
   B. GB18030 汉字编码标准与 GBK、GB2312 标准保持向下兼容
   C. GB18030 汉字编码标准收录了包括繁体字在内的大量汉字
   D. GB18030 汉字编码标准中收录的汉字在 GB2312 标准中一定能找到

7. 在一座办公大楼或某一小区内建设的计算机网络一般是_____。
   A. 公用网   B. 局域网
   C. 城域网   D. 广域网

8. 某高性能台式电脑整机的配置为:i5-8400/8G/128GSSD+1T/2G 独显,其中的"2G"为_____。
   A. 外存容量   B. 内存容量
   C. GPU 频率   D. 显存容量

9. Windows XP 操作系统可以支持多个工作站共享网络上的打印机,下面的叙述中错误的是_____。
   A. 用户可暂停正在打印机上打印的打印任务
   B. 用户不能终止正在打印机上打印的打印任务
   C. 需要打印的文件,按"先来先服务"的顺序存放在打印队列中
   D. 用户可查看打印队列的排队顺序

10. 下列关于 CPU 结构的说法,错误的是_____。
    A. 运算器可以有多个,如整数运算器和浮点运算器等
    B. 控制器是用来解释指令含义、控制运算器操作、记录内部状态的部件
    C. 运算器是用来对数据进行各种算术运算和逻辑运算
    D. CPU 中仅仅包含运算器和控制器两部分

11. 计算机的功能不断增强,应用不断扩展,计算机系统也变得越来越复杂。一个完整的计算机系统由_____两大部分组成。
    A. 主机和外部设备   B. 硬件系统和软件系统
    C. 中央处理器和系统软件   D. 硬件系统和操作系统

12. 软件可分为应用软件和系统软件两大类。下列软件中全部属于应用软件的是_____。
    A. BIOS、Photoshop、FORTRAN 编译器
    B. PowerPoint、Excel、Word
    C. WPS、Windows、Word
    D. PowerPoint、QQ、UNIX

13. 在银行金融信息处理系统中,为使多个用户都能同时得到系统的服务,采取的主要技术措施是_____。
    A. 计算机必须有多台
    B. 计算机必须有多个系统管理员
    C. CPU 时间划分为"时间片",让 CPU 轮流为不同的用户程序服务
    D. 系统需配置多个操作系统

14. 下列有关计算机图形的叙述中错误的是_____。
    A. 计算机图形学主要研究使用计算机描述景物并绘制其图像的原理、方法和技术
    B. 利用扫描仪输入计算机的机械零件图是矢量图形
    C. 树木、花草、烟火等景物的形状也可以在计算机中进行描述(建模)
    D. 在计算机中描述景物形状(称为"建模")的方法有多种

15. 计算机的性能在很大程度上是由 CPU 决定的。CPU 的性能主要体现为它的指令执行速度。下列有关 CPU 性能的叙述中正确的是_____。
    A. 提高主频有助于提高 CPU 的性能
    B. 寄存器数目的多少不影响计算机的性能
    C. 高速缓存(cache)的有无和容量大小对计算机的性能影响不大

D. 指令的类型和功能不影响计算机的性能

16. 在一台 PC 机中,最重要的物理部件是_____。
   A. 键盘　　　　　　　　　　　　B. 打印机
   C. 显示器　　　　　　　　　　　D. 主机

17. 在以下所列的计算机信息系统抽象结构层次中,可实现分类查询的表单和展示查询结果的表格窗口_____。
   A. 属于业务逻辑层　　　　　　　B. 属于资源管理层
   C. 属于应用表现层　　　　　　　D. 属于基础设施层

18. 记事本文件中只有文字"中国 China"(汉字采用国标码),则其文件大小为_____字节。
   A. 3　　　　　B. 7　　　　　C. 9　　　　　D. 14

19. 下列不同进位制的四个数中,数值最小的是_____。
   A. 八进制数 77　　　　　　　　B. 十六进制数 45
   C. 十进制数 65　　　　　　　　D. 二进制数 1100010

20. 下面关于存储卡的叙述中,错误的是_____。
   A. 存储卡非常轻巧,形状大多为扁平的长方形或正方形
   B. 存储卡可直接插入 USB 接口进行读写操作
   C. 存储卡有多种,如 SD 卡、CF 卡、MemoryStick 卡和 MMC 卡等
   D. 存储卡是使用闪烁存储器芯片做成的

21. 在网上进行银行卡支付时,常常在屏幕上弹出一个动态"软键盘",让用户输入银行账户密码,其最主要的目的是_____。
   A. 防止"木马"盗取用户输入的信息
   B. 方便用户操作
   C. 提高软件的运行速度
   D. 为了查杀"木马"病毒

22. 下面关于计算机网络协议的叙述中,错误的是_____。
   A. 网络中进行通信的计算机必须共同遵守统一的网络通信协议
   B. 协议全部由操作系统实现,应用软件与协议无关
   C. 网络协议是计算机网络不可缺少的组成部分
   D. 计算机网络的结构是分层的,每一层都有相应的协议

23. 现在许多智能手机都具有_____,它兼有键盘和鼠标器的功能。
   A. 触摸屏　　　　　　　　　　　B. 操纵杆
   C. 触摸板　　　　　　　　　　　D. 指点杆

二、**判断题**

1. 自由软件就是用户可以随意使用的软件,也就是免费软件。
2. 由于因特网中各子网结构相同便于互连,所以在短短几十年的时间就遍布全世界。

3. 一般将使用高级语言编写的程序称为源程序,它不能直接在计算机中运行,需要有相应的语言处理程序将其翻译成机器语言程序才能执行。

4. 台式 PC 机通过 VGA 接口连接投影仪时,VGA 接口把输出信号进行调制后送到投影仪,再由投影仪解调后在大屏幕上进行显示。

5. 大部分数码相机采用 CCD 或 CMOS 成像芯片,芯片中像素越多,可拍摄的相片的分辨率(清晰度)就越高。

6. Internet 提供的网页浏览、电子邮件服务采用的是客户/服务器工作模式。

7. PC 机中几乎所有部件和设备都以主板为基础进行安装和互相连接,主板的稳定性影响着整个计算机系统的稳定性。

8. 信息系统的感测与识别技术可替代人的感觉器官功能,但不能增强人的信息感知的范围和精度。

9. 在使用 QQ 时,登录 QQ 服务器和好友间文件传输,分别采用了 C/S 和 P2P 两种工作模式。

10. 信息是人们认识世界和改造世界的一种基本资源。

11. 为了方便人们记忆、阅读和编程,汇编语言将机器指令采用助记符号表示。

三、填空题

1. 以太网中需要传输的数据必须预先组织成若干帧,为了判别收到帧的正确性,帧中应包含(　　　　)信息。

2. 在用原码表示带符号整数"0"时,有"1000…00"与"0000…00"两种表示形式,而在补码表示法中,整数"0"的表示形式有(　　　　)种。

3. 带符号整数使用(　　　　)位表示该数的符号,"0"表示正数,"1"表示负数。

4. 在微软 Word、Media Player 和 Adobe 公司的 Acrobat Reader 这些软件中,不具备文本阅读器功能的是(　　　　)。

5. 若 A=1100,B=0010,A 与 B 运算的结果是 1110,则其运算可以是算术加,也可以是逻辑(　　　　)。

6. Word 文档由文字组成,文字带有字体、颜色等信息,将其复制到记事本中,其(　　　　)信息将丢失。

7. 内存条的镀金触点分布在内存条的(　　　　)面,所以又被称为双列直插式(DIMM)内存条。

8. 目前大多数以太网使用的传输介质是(　　　　)和光纤。

9. DVD 光盘常用于数据备份,其单位容量价格要比 SDD 硬盘(　　　　)。

10. 用原码表示的 8 位带符号整数的数值范围是(　　　　)～127。

11. 在键盘输入、联机手写输入、印刷体汉字识别输入方法中,易学易用,适合用户在移动设备(如手机等)上使用的是(　　　　)输入。

四、Word 操作

1. 将页面设置为:A4 纸,上、下页边距为 2 厘米,左、右页边距为 2.5 厘米,每页 43 行,每行 42 个字符;

2. 给文章加标题"量子计算机简介",设置其格式为隶书、一号字、字符间距加宽 3 磅,文字效果为渐变填充预设颜色"碧海青天",居中显示;

3. 设置正文所有段落首行缩进 2 字符,1.2 倍行距;

4. 将正文中所有的"量子计算机"设置为标准色-深红、加粗、双下划线;

5. 在正文第一段第一个"量子计算机"后插入尾注"Quantum Computer",并将正文第二段分为偏右两栏,栏间加分隔线;

6. 参考样张,在正文适当位置插入图片"量子计算机.jpg",设置图片高度、宽度缩放比例均为 50%,环绕方式为穿越型,图片样式为柔化边缘矩形;

7. 设置页面边框为:阴影、1.5 磅、标准色-绿色,页面颜色为:主题颜色-茶色、背景 2。

五、Word 样张

六、Excel 操作

1. 在"复赛"工作表中,设置第一行标题文字"青年演员戏曲大赛成绩"在 A1:K1 单元格区域合并后居中,字体格式为黑体、18 号、标准色-红色;

2. 在"初赛"工作表中,将参赛地区为"江苏""浙江"的全部替换为"华东";

3. 在"初赛"工作表中,交换第 31 行和第 32 行的数据,并隐藏 D 列至 K 列;

4. 在"复赛"工作表的 I 列中,利用函数计算出五个评委打分中的最高分(提示:用 MAX 函数求最大值);

5. 在"复赛"工作表的 K 列中,利用公式计算各参赛选手的总成绩[总成绩=(五个评

委打分之和－最高分－最低分)×难度系数＋文化常识],结果以带2位小数的数值格式显示;

6. 在"复赛"工作表中,按总成绩降序排序;

7. 参考样张,在"复赛"工作表中,生成一张反映排名前10选手总成绩的"簇状圆柱图",嵌入当前工作表中,图表上方标题为"前十参赛选手得分"、14号字,主要纵坐标轴竖排标题为"总成绩",无图例,数据标签显示值。

七、Excel 样张

八、PowerPoint 操作

1. 将所有幻灯片背景设置为渐变填充预设颜色"茵茵绿原",所有幻灯片切换效果为摩天轮;

2. 将第一张幻灯片版式改为"标题幻灯片",并设置幻灯片放映方式为"循环放映,按【Esc】键终止";

3. 在第三张幻灯片中插入图片"cup.jpg",设置图片水平方向距离左上角9厘米,图片动画效果为单击时旋转进入;

4. 在第六张幻灯片的右上角插入"笑脸"形状,单击该形状,超链接指向第一张幻灯片;

5. 隐藏第七张幻灯片,除标题幻灯片外,在其他幻灯片中插入幻灯片编号和页脚,页脚内容为"世界杯"。

计算机信息技术基础教程

九、PowerPoint 样张

参考答案

自 测 题

自测题1
1. 对 2. 错 3. 10 4. 10100.1 24.4 14.8 5. −16 6. 51 7. A 8. D 9. C 10. D

自测题2
1. 错 2. 错 3. 错 4. 对 5. 总线 6. CCD 7. 刷新速率 8. dpi 9. FFFFF 10. 绘图 11. B 12. C 13. D 14. B 15. D 16. D 17. C 18. C 19. D 20. C

自测题3
1. D 2. D 3. A 4. A 5. B 6. A 7. A 8. A 9. B 10. D

自测题4
1. B 2. D 3. C 4. C 5. B 6. A 7. C 8. B 9. B 10. D 11. D 12. C 13. C 14. A 15. C 16. B 17. B 18. B 19. A 20. A

自测题5
1. 像素 2. 2 048 3. ASCII 4. 对 5. 对 6. 错 7. C 8. C 9. C 10. D

自测题6
1. 关系模式名　属性 2. 连接　选择 3. 错 4. 对 5. 错 6. C 7. A 8. C 9. B 10. B

真 题 卷

真题卷一

一、1. D 2. C 3. C 4. D 5. A 6. C 7. D 8. D 9. B 10. C 11. C 12. A 13. C 14. A 15. D 16. B 17. B 18. A 19. A 20. C 21. C 22. D 23. D

二、1. 对 2. 错 3. 错 4. 错 5. 错 6. 错 7. 错 8. 错 9. 对 10. 对 11. 对

三、1. 0.01　2. 2　3. 音视频　4. 集成　5. LED　6. 文件　7. 退回　8. MAC
9. 数据通信　10. 768　11. 1

真题卷二

一、1. D　2. B　3. D　4. B　5. D　6. B　7. C　8. A　9. C　10. D　11. D
12. C　13. B　14. B　15. A　16. D　17. D　18. B　19. C　20. B　21. B　22. A

二、1. 对　2. 对　3. 对　4. 对　5. 对　6. 对　7. 对　8. 错　9. 对　10. 错
11. 错　12. 对

三、1. 四　2. 随机存取　3. USB集线　4. n　5. Shift　6. Internet Explorer
7. 主页　8. baidu.com　9. ①和③　10. 256　11. 超文本

真题卷三

一、1. B　2. D　3. B　4. D　5. D　6. D　7. A　8. B　9. C　10. B　11. B
12. C　13. C　14. B　15. D　16. D　17. D　18. A　19. D　20. C　21. D　22. C
23. A

二、1. 对　2. 对　3. 错　4. 对　5. 错　6. 错　7. 错　8. 对　9. 错　10. 对
11. 错

三、1. 255　2. 快　3. 激光　4. CCD　5. 5　6. 局域　7. 统一资源　8. IP地址
9. 65 536　10. 音乐合成器　11. 附件

真题卷四

一、1. A　2. C　3. C　4. C　5. B　6. D　7. B　8. D　9. B　10. A　11. D
12. D　13. C　14. B　15. A　16. C　17. D　18. C　19. A　20. B　21. D　22. C
23. B

二、1. 错　2. 错　3. 对　4. 对　5. 对　6. 错　7. 对　8. 对　9. 错　10. 对
11. 错

三、1. 57　2. FFFFF　3. 分辨　4. USB　5. PCI-E　6. 任务　7. 双绞　8. 协议　9. 同步通信　10. 1024　11. A/D(模数)

真题卷五

一、1. C　2. A　3. B　4. D　5. D　6. B　7. C　8. B　9. A　10. C　11. C
12. D　13. A　14. D　15. C　16. B　17. D　18. D　19. B　20. A　21. D　22. D

二、1. 对　2. 对　3. 错　4. 对　5. 对　6. 对　7. 错　8. 对　9. 对　10. 错
11. 对

三、1. 10100　2. 写入　3. 光学分辨率　4. DRAM　5. 内存　6. 图标　7. 插件
8. 超文本标记　9. 链宿　10. 4　11. 数字化　12. 电子政务

真题卷六

一、1. B　2. D　3. C　4. A　5. C　6. C　7. A　8. A　9. C　10. C　11. B
12. B　13. C　14. C　15. B　16. B　17. B　18. C　19. D　20. B　21. B　22. B
23. A

二、1. 错　2. 错　3. 对　4. 对　5. 对　6. 对　7. 对　8. 对　9. 错　10. 错

11. 错　12. 对

三、1. FTP　2. 辅助　3. 同步通信　4. 所见即所得　5. 电容　6. 辅助　7. 路由器　8. 微信　9. 应用　10. 大

真题卷七

一、1. C　2. D　3. B　4. D　5. C　6. C　7. A　8. A　9. D　10. A　11. C　12. A　13. B　14. A　15. D　16. B　17. B　18. A　19. A　20. A　21. D　22. B　23. A

二、1. 对　2. 错　3. 对　4. 错　5. 对　6. 对　7. 错　8. 对　9. 对　10. 错　11. 错　12. 错

三、1. 超文本　2. 自动识别　3. 浏览器　4. 字形　5. 光盘(存储卡)　6. 1　7. 4　8. 印刷体识别　9. 嵌入式　10. 数据报

真题卷八

一、1. D　2. B　3. C　4. D　5. C　6. D　7. B　8. D　9. B　10. D　11. B　12. B　13. C　14. B　15. A　16. D　17. C　18. C　19. A　20. B　21. A　22. B　23. A

二、1. 错　2. 错　3. 对　4. 对　5. 对　6. 对　7. 对　8. 错　9. 对　10. 对　11. 对

三、1. 校验　2. 1　3. 最高　4. Media Player　5. 加　6. 格式　7. 两　8. 双绞线　9. 低　10. －127　11. 联机手写

参考文献

[1] 张福炎,孙志挥.大学计算机信息技术教程(2018版)[M].南京:南京大学出版社,2018.

[2] 李汝光,许晓萍.大学计算机信息技术基础教程[M].南京:南京大学出版社,2015.

[3] 张效祥,徐家福.计算机科学技术百科全书[M].第3版.北京:清华大学出版社,2018.

[4] 谢希仁.计算机网络[M].第7版.北京:电子工业出版社,2017.

[5] 刘瑞挺,张宁林.计算机新导论[M].北京:清华大学出版社,2013.

[6] 王珊,萨师煊.数据库系统概论[M].第5版.北京:高等教育出版社,2014.